辽宁省优秀自然科学著作

东北地区设施农业天气预报技术

陈艳秋　吴曼丽　主编

辽宁科学技术出版社

沈　阳

图书在版编目（CIP）数据

东北地区设施农业天气预报技术 / 陈艳秋，吴曼丽主编 . —沈阳：辽宁科学技术出版社，2018.12
（辽宁省优秀自然科学著作）
ISBN 978-7-5591-0960-6

Ⅰ . ①东 … Ⅱ . ①陈 … ②吴 … Ⅲ . ①设施农业—农业气象预报—研究—东北地区 Ⅳ . ①S165

中国版本图书馆CIP数据核字（2018）第217197号

出版发行：辽宁科学技术出版社
　　　　　（地址：沈阳市和平区十一纬路25号　邮编：110003）
印 刷 者：辽宁鼎籍数码科技有限公司
经 销 者：各地新华书店
幅面尺寸：185 mm × 260 mm
印　　张：13.5
字　　数：280千字
印　　数：1~1000
出版时间：2018年12月第1版
印刷时间：2018年12月第1次印刷
责任编辑：陈广鹏　郑　红
特约编辑：王奉安
封面设计：李　嵘
责任校对：徐　跃

书　　号：ISBN 978-7-5591-0960-6
定　　价：120.00元

联系电话：024-23280036
邮购电话：024-23284502
http://www.lnkj.com.cn

编 委 会

主编简介

　　陈艳秋，1960年生，1982年毕业于南京大学气象系天气动力专业。现为辽宁省气象学会秘书长、正研级高级工程师，中国气象局百名首席气象服务专家，全国气象防灾减灾标准化技术委员会委员，辽宁省科学技术协会第八届委员会委员，辽宁高层次科技专家库专家。主要从事天气预报服务、决策气象服务工作，熟悉东北地区的天气气候和气象灾害特点，在辽宁气象防灾减灾工作中发挥重要作用。主持科技部行业科研专项"东北地区设施农业生产专业天气预报技术研究"等科研项目20余项，获辽宁省科技进步三等奖2次，辽宁省自然科学学术成果一、二、三等奖5次，在国家核心期刊发表科技论文20余篇。被辽宁省政府授予辽宁省劳动模范、辽宁省"五一巾帼"十佳标兵称号。

吴曼丽，1979年生，2002年毕业于南京气象学院大气科学专业，2008年获东北大学环境工程硕士学位。中国气象局气象干部培训学院辽宁分院高级工程师，首席教师，辽宁省海洋气象预报创新团队牵头人。主要从事东北地区中短期天气预报、海洋气象预报研究和教学工作。主持和参加省部级以上科研项目20余项，获辽宁省气象局科技进步奖一等奖2次、二等奖1次、三等奖1次、辽宁省自然科学学术成果奖三等奖1次。在核心期刊发表论文25篇，出版专著3部。是科技部行业专项"东北地区设施农业生产专业天气预报技术研究"GYHY201206024项目实施负责人。

前　言

设施农业具有高投入、高产出、高效益和高质量的特点，农业设施化是现代农业的必然要求，是农业可持续发展的根本保障，是农业提质增效的有效途径。农业部2009年制定的2009—2015年全国重点蔬菜发展规划纲要提出，黄淮海与环渤海为我国设施蔬菜重点区域，其设施蔬菜种植面积要从2005年的1 450万亩（1亩=0.066 7hm²），发展到2015年的2 200万亩，产量超过1.3亿t。

设施农业收入是农民经济收入的重要来源之一，东北地区设施农业发展迅速，已成为抗灾避灾、农业增效和农民增收的优势主导产业，成为现代农业的重要标志。但是，东北地区属于温带湿润、半湿润大陆性季风气候，冬季寒冷干燥，多大风雪天气，春秋季节平原地区经常刮6级以上的西南大风，低温冻害、连阴寡照、暴雪等气象灾害经常发生。而且，东北地区设施农业以塑料大棚为主，简易搭建，环境的调控能力和抗御自然灾害的能力较差，灾害性天气对设施农业生产造成巨大威胁。从经济效益来看，气象灾害对设施农业造成的损失较传统农业大得多，设施农业安全生产对灾害性天气预报服务需求迫切。虽然目前已经有精细到乡镇的天气预报产品，但是专门针对设施农业生产的灾害性天气预报、预警产品匮乏，影响气象为"三农"服务的效果，有必要开展设施农业专业预报方法的研究。为此，财政部、科技部于2012年将"东北地区设施农业生产天气预报技术研究"列为公益性行为（气象）科研专项的重点项目，针对东北地区设施农业生产需求，开展棚内专业天气预报和气象灾害预报、预警技术方法研究。本书既是对该项目3年研究成果的总结，也是对从事设施农业气象服务与研究技术人员的多年工作成果的阶段性总结。

本书内容主要包括棚内气象要素预报技术方法研究，东北地区设施作物遭受低温冻害、连阴寡照和暴雪垮棚、大风掀棚气象灾害判别指标的建立，气象灾害预报技术方法研究以及设施农业专业天气预报服务业务系统建设。本书在编写的过程中，得到南京信息工程大学、吉林省气象台、黑龙江省气象科学研究所、中国气象局沈阳大气环境研究所、辽宁省气象台、沈阳市气象局、喀左县气象局、大洼县气象局等单位的大力支持，借此机会，对参加项目研究所有人员表示感谢。

编　者
2018年6月

目　录

1

东北地区设施农业概况

1.1　东北地区设施农业发展概况

　　东北地区设施农业发展迅速，2011年辽宁省设施农业规模突破1 000万亩，占辽宁耕地面积的1/6，居全国前列。其中日光温室面积居全国首位，蔬菜播种面积超过10万亩的县市达到41个，其中34个县纳入《全国蔬菜产业发展规划（2011—2020年）》蔬菜产业重点县。到2009年年底，吉林省棚膜基础设施建设面积达到84.8万亩，棚菜产量达到252万t；2009年内蒙古设施农业总面积达到102万亩，形成了以日光温室和塑料大、中、小棚为主体的保护地蔬菜栽培体系；黑龙江省近几年农业设施种植面积一直保持在34万亩左右，其中节能日光温室9万亩，塑料大、中、小棚25万亩。设施农业已成为抗灾避灾、农业增效和农民增收的优势主导产业，是现代农业的重要标志。

1.2　东北地区设施农业气象灾害

　　东北地区属于大陆性季风气候，冬季寒冷漫长，多暴风雪天气，春秋两季冷涡天气频发，经常出现3 d以上的连阴雨天气，多6级以上大风，4—5月大风日数年均20 d，暴雪垮棚、大风掀棚事件时有发生。近年来，大风气象灾害经济损失严重，2010年4月8日辽宁部分地区出现6~7级大风，瞬时风速达26.7 m/s，沈阳28处大棚起火，棚膜损坏合计780栋，草帘子损坏合计1 074栋，棚架倒塌266栋，山墙倒塌34栋。阜新市受损蔬菜保护地棚室共计12 745栋，总面积6 373亩。棚内作物也经常遭遇低温冻害、连阴寡照灾害，对设施农业生产造成巨大威胁。

　　设施农业的迅速发展和气象科技的不断进步，催生了设施农业气象服务这一农业气象服务的新领域。尽管如此，设施农业仍然受到自然气候资源的约束，而且不利气象条件仍对设施农业有巨大的影响，主要体现在设施农业的工程设计、区划布局及环境控制和节能等方面。虽然在40 °N以上的寒冷地区依靠简易的设施，冬季寒冷季节不另加温也能生产出黄瓜、番茄等喜温果菜，但是设施水平低，抗御自然灾害的能力差。现在虽有钢管装配成的塑料大棚和玻璃温室有国家标准或工厂化生产的系列产品，但仅占设施栽培面积的

10%，绝大部分还是结构简单的塑料大棚和日光温室，只能起一定的保温作用，有些温室经不起大风大雪的考验，塌棚等质量事故时有发生，从而造成重大经济损失。

1.3　辽宁省设施农业布局

2012年，辽宁省设施农业布局已经形成，基本确立了东部山区特色型、沿海地区外向型、辽西北地区高效型和中部地区规模效益型4个设施农业区域，种植作物由过去单一的蔬菜生产拓展为蔬菜、水果、食用菌、中药材、山野菜、小浆果、西甜瓜等所有适宜设施栽培的作物。辽宁省设施农业主要为日光温室和冷棚。日光温室一般为钢架结构，后墙分为土墙和砖墙两种，主要使用天津、山东及锦州等地生产的塑料膜。土墙结构日光温室一般建设规模为：长大于120 m，宽8~10 m，高6~6.5 m；砖混结构日光温室一般建设规模为长大于100 m，宽6~7 m，高3.5~4 m；冷棚一般建设规模为长60~80 m，宽10 m左右，中间高2 m。日光温室种植期在9月至翌年6月，冷棚种植期在4—9月。

全省设施农业种植面积已超过1 000万亩，如图1.1所示，有日光温室790万亩、冷棚271万亩，主要集中在沈阳、鞍山、大连、锦州、朝阳和葫芦岛地区。

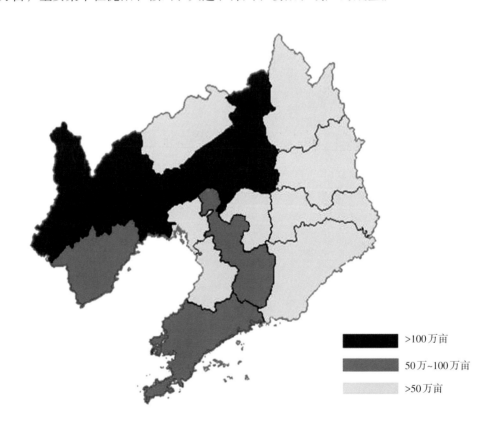

■	>100万亩
▨	50万~100万亩
□	>50万亩

图1.1　2012年辽宁省设施农业分布

2

设施农业气象观测

　　设施农业种植与大棚内温、压、风、湿等气象要素关系密切，为了提高棚内气象要素预报的准确率，首先要开展棚内气象要素观测。2012年5月至2014年12月，在东北地区选择有代表性的温室（暖棚、冷棚）安装了设施农业气象观测系统、实景观测系统，开展棚内小气候的气象观测，并对棚内作物生长发育的状态进行平行观测。同时利用当地气象站对比观测了温室外气象要素，记录了温室内部和外部气象要素的连续观测数据、温室内作物生长发育记录、田间管理操作记录及主要作物影像资料等。

2.1　观测方案

2.1.1　观测设备的选购

　　棚内小气候观测设备采用锦州阳光气象有限公司生产的小气候自动观测站（TRM-ZS3型），如图2.1所示。气象观测要素有：温室内观测1.0 m温度，1.0 m环境湿度，5 cm、10 cm、15 cm、20 cm和30 cm层地温，地湿，总辐射，光合辐射，风向，风速，室外1.5 m温度，室外1.5 m湿度。

图2.1　自动观测站设备选购与安装

2.1.2　观测地点选取

东北地区当前生产上使用较多的有日光温室和塑料大棚。日光温室种植期在每年9月至翌年6月，塑料大棚种植期在每年4—9月。根据项目执行的需要，优先选择已有设施农业气象观测设备和观测经验、数据的气象台站执行观测任务。在辽宁省沈阳市、喀左县、大洼县，吉林省公主岭市，黑龙江省双城市公正乡选取9个试验点，选择生产上使用较多、代表设施农业未来发展趋势，且距离当地气象观测站较近的温室（棚）。有2种日光温室和1种塑料大棚，分别是中高档钢架砖混结构温室、中高档钢架土墙结构温室、拱形塑料大棚（冷棚）。

图2.2　沈阳市日光温室

沈阳市气象局第一个监测基地设立在位于沈阳东陵的辽宁省农业科学院试验棚（图2.2）。温室大棚占地面积495 m²，规格为：长55 m，宽9 m，高4 m。温室大棚建设标准：中高档钢架砖混结构温室。第二个监测地点设立在沈阳市的新民市大民屯镇国家A级绿色食品蔬菜生产基地。规格为：长180 m，宽8.6 m，高6.5 m。占地面积1 548 m²。温室大棚建设标准：中高档钢架土墙结构温室。

辽宁省大洼县气象局在王家镇华侨村农科园（简称农科院）中100 m塑料大棚（暖棚）安装了锦州阳光气象有限公司生产的小气候自动观测站（TRM-ZS3型）（图2.3）。暖棚有长度50 m和100 m两种，均在大洼县气象局农业气象科研基地，位于大洼县王家镇华侨村入口西204 m，305国道193.5 km处路西，海拔高度3.9 m。作物品种有西红柿（亮粉2号）和香瓜（顺甜2118）。

大棚内　　　　　　　　　　　　　　　　　大棚外

图2.3　大洼县大棚

在吉林省公主岭市建立2套小气候自动监测系统（图2.4）。试验点地址选在公主岭市石人粮蔬专业合作社，距公主岭市 2 km，海拔高度 200.4 m。试验点有温棚近百栋，每个为 70 m×7 m~200 m×15 m 不等，多数温棚面积在 1 500 m² 左右，棚顶高度 4~6 m。有冷棚 10 多栋，每个面积在 750 m² 左右。

图2.4　吉林省大棚

辽宁省喀左县气象局选取当前生产有代表性的 3 种大棚进行系统观测（图2.5）。①土墙结构：日光温室大棚长 72 m、宽 7.5 m、高 3.5 m，棚内种植面积 468 m²。选用喀左县大城子镇小河湾村贾凤杰大棚，海拔高度 298 m。②砖混结构：日光温室大棚长 100 m、宽 8.5 m、高 4.0 m，棚内种植面积 800 m²。位于喀左县公营子镇恒胜农业科技有限公司棚区，海拔高度 269 m。③塑料大棚（冷棚）：长 78.5 m、宽 8.5 m、中间高 2.5 m，棚内种植面积 667 m²，海拔高度 292 m。

掀棚大风试验棚（暖棚土墙）选用喀左县平房子镇马家窝铺村徐国军大棚，海拔 358 m。

2012 年 4 月 19 日，在黑龙江省双城市公正乡安装小气候观测仪（图2.6），地点位于双城市公正乡，海拔高度 164 m。作物品种有黄瓜（水果黄瓜）和生菜（速生大叶）。温室大棚主要供暖时间段为每年 11 月至翌年 3 月末。设计环保节能性：①大棚为连栋，省掉一面墙及一个耳房的建设原料及占地面积。②独特设计的取暖锅炉较平常锅炉相同条件下节省 45% 的燃料费用。③后墙体厚约 50 cm，内置 9 孔空心砖，白天温度可达 50 ℃，进一步为取暖节省资源。通风方式为上通风。棚的角度为 36°。④大棚上面覆盖物为棉被。

图2.5 喀左县大棚

图2.6 双城市大棚

2.1.3 数据采集方案

为了规范观测记录，制定统一观测数据格式和文件名，各观测小组小气候自动站每天生成日报表数据，每月生成A文件。数据采集为连续观测，为了保证最高、最低气温的准确性，设置每隔10 min采集1次数据。应用小气候观测数据时间段为2012年5月至2014年12月共32个月。

2.1.3.1 数据采集为连续观测

为了保证最高、最低气温的准确性，设置每隔10 min采集1次数据。

2.1.3.2 人工对比观测

每月中旬选择7～10 d连续观测6—18时逐日逐时温度、湿度、风速数据，同时每天08时人工加测最低温度，20时加测最高温度。

2.3.1.3 人工记录表格

（1）记录观测仪器编号，仪器所处的位置、高度（或深度），观测地段环境特点，温室大棚的型式、尺寸、材料和方位，加热通风照明等设备状况。

（2）记录观测日期、时间，作物种类、生育状况、种植方式、灌溉方式等。

（3）记录每天棚内管理措施：揭、盖草帘时间，放风时间及放风口大小，抽湿、加热、降温的方式和时间。

（4）记录每天温室大棚内作物生长状况、株高、生育期、产量、病虫害状况（灾情数据的获取，来自人工观测记录）。

2.2 观测数据收集整理

2.2.1 小气候自动监测

制定统一观测数据格式和文件名，各观测小组小气候自动站每天手动生成日报表数据，如图2.7所示。工作人员每月月初定时携笔记本电脑去小气候站取回原始数据，每月生成A文件，月初汇总、整理入库。应用小气候观测数据时间段为2012年5月至2014年12月共32个月。

2.2.2 小气候人工观测

为对比自动观测和人工观测误差，来矫正自动观测结果，开展人工24 h连续观测与小气候仪器对比。

喀左县气象局人工观测每日3次（08时、14时、20时），符合农业气象观测规范。将2012—2014年大棚内人工观测气象要素进行统计分析，并与自动观测站数据进行对比分析。于2012年10月17日至2014年2月20日进行每隔1 h的连续人工观测，共观测52 d，每天人工观测24 h与自动仪器进行对比，按要求格式整理观测数据。

2.2.3 田间管理及作物观测

利用开展气象观测的温室，进行主要设施作物（黄瓜、西红柿、椒类、茄子）生长发育观测，边观测边培训设施农业种植、管理人员和农业气象服务人员。做好田间管理及作物生长状况记录，按人工记录表格所列内容记录。同时利用大洼县气象局已建的作物实景观测系统进行实时监控。

	A	B	C	D	E	F	G	H	I	J	K	L	M	N
1														
2	日期	温度 湿度												
3	日期	地温(5cm)	地温(10cm)	地温(15cm)	地温(20cm)	地温(30cm)	地温(40cm)	环温(1.0m)	环温(1.5m)	露点	环湿(1.0m)	环湿(1.5m)	土湿(5cm)	土湿(10cm)
4	2012-08-05 00:00	25.9	26.1	26.0	25.9	26.0	0.0	24.1	0.0	24.08	99.9	0.0	26.7	24.9
5	2012-08-05 00:10	25.9	26.0	26.0	25.9	25.9	0.0	24.1	0.0	24.08	99.9	0.0	26.6	24.9
6	2012-08-05 00:20	25.9	26.0	26.1	25.9	25.9	0.0	24.0	0.0	24.08	99.9	0.0	26.6	24.9
7	2012-08-05 00:30	25.9	26.0	26.0	25.9	25.9	0.0	24.0	0.0	23.98	99.9	0.0	26.6	24.9
8	2012-08-05 00:40	25.8	26.0	26.0	25.9	25.9	0.0	24.0	0.0	23.98	99.9	0.0	26.6	24.9
9	2012-08-05 00:50	25.8	25.9	26.0	25.9	25.9	0.0	23.9	0.0	23.88	99.9	0.0	26.6	24.9
10	2012-08-05 01:00	25.8	25.9	26.0	25.9	26.0	0.0	23.9	0.0	23.88	99.9	0.0	26.7	24.9
11	2012-08-05 01:10	25.8	25.9	26.0	25.9	25.9	0.0	24.0	0.0	23.98	99.9	0.0	26.6	24.9
12	2012-08-05 01:20	25.8	25.9	25.9	25.9	26.0	0.0	23.9	0.0	23.88	99.9	0.0	26.6	24.9
13	2012-08-05 01:30	25.8	25.9	26.0	25.9	25.9	0.0	23.9	0.0	23.88	99.9	0.0	26.6	24.9
14	2012-08-05 01:40	25.8	25.9	25.9	25.9	25.9	0.0	24.0	0.0	23.88	99.9	0.0	26.6	24.9
15	2012-08-05 01:50	25.8	25.9	25.9	25.9	25.9	0.0	24.0	0.0	23.98	99.9	0.0	26.6	24.9
16	2012-08-05 02:00	25.8	25.9	25.9	25.9	25.9	0.0	23.9	0.0	23.88	99.9	0.0	26.7	24.9
17	2012-08-05 02:10	25.7	25.9	25.9	25.9	25.9	0.0	23.7	0.0	23.78	99.9	0.0	26.7	24.9
18	2012-08-05 02:20	25.7	25.9	25.9	25.9	25.9	0.0	23.8	0.0	23.78	99.9	0.0	26.6	24.9
19	2012-08-05 02:30	25.7	25.9	25.9	25.9	25.9	0.0	23.8	0.0	23.78	99.9	0.0	26.7	24.9

	M	N	O	P	Q	R	S	T	U	V	W	X	Y	Z	AA
1	气象生态环境监测系统报表														
2						CO^2 气压 蒸发 雨量 光照度					风向风速				
3	土湿(5cm)	土湿(10cm)	土湿(15cm)	土湿(20cm)	土湿(30cm)	CO^2	气压	蒸发	雨量	光照度	风速	风向	2分钟风速	10分钟风速	总辐射
4	26.7	24.9	26.5	26.6	28.5	0.0	0.0	12.4	0.0	0	0.0	0	0.0	0.0	0
5	26.6	24.9	26.5	26.6	28.5	0.0	0.0	11.4	0.0	0	0.0	0	0.0	0.0	0
6	26.6	24.9	26.5	26.5	28.5	0.0	0.0	10.5	0.0	0	0.0	0	0.0	0.0	0
7	26.6	24.9	26.5	26.6	28.5	0.0	0.0	9.5	0.0	0	0.0	0	0.0	0.0	0
8	26.6	24.9	26.5	26.6	28.5	0.0	0.0	8.5	0.0	0	0.0	0	0.0	0.0	0
9	26.6	24.9	26.5	26.6	28.5	0.0	0.0	7.5	0.0	0	0.0	0	0.0	0.0	0
10	26.7	24.9	26.5	26.6	28.5	0.0	0.0	6.6	0.0	0	0.0	0	0.0	0.0	0
11	26.6	24.9	26.5	26.6	28.5	0.0	0.0	5.8	0.0	0	0.0	0	0.0	0.0	0
12	26.6	24.9	26.5	26.6	28.5	0.0	0.0	4.9	0.0	0	0.0	0	0.0	0.0	0
13	26.6	24.9	26.5	26.6	28.5	0.0	0.0	4.0	0.0	0	0.0	0	0.1	0.1	0
14	26.6	24.9	26.5	26.6	28.5	0.0	0.0	3.2	0.0	0	0.0	0	0.0	0.0	0
15	26.6	24.9	26.5	26.6	28.5	0.0	0.0	2.4	0.0	0	0.0	0	0.0	0.0	0
16	26.7	24.9	26.5	26.6	28.5	0.0	0.0	1.3	0.0	0	0.0	0	0.0	0.0	0
17	26.7	24.9	26.5	26.6	28.5	0.0	0.0	0.3	0.0	0	0.0	0	0.0	0.0	0
18	26.6	24.9	26.5	26.6	28.5	0.0	0.0	0.0	0.0	0	0.0	0	0.0	0.0	0
19	26.7	24.9	26.5	26.6	28.5	0.0	0.0	0.0	0.0	0	0.0	0	0.0	0.0	0

	AA	AB	AC	AD	AE	AF	AG	AH	AI	AJ	AK	AL	AM	AN	AO
1															
2	辐射瞬时值							辐射累计值							
3	总辐射	散辐射	直接辐射	反辐射	净辐射	光合辐射	热通量	总辐射	散辐射	直辐射	反辐射	净辐射	光合辐射	热通量	日照时
4	0	57	91	180	191	0	6	0.000	0.039	0.058	0.111	0.117	0.000	0.004	0.0000
5	0	66	93	183	195	0	6	0.000	0.040	0.058	0.111	0.119	0.000	0.004	0.0000
6	0	66	92	181	191	0	7	0.000	0.038	0.056	0.109	0.116	0.000	0.004	0.0000
7	0	68	99	188	196	0	6	0.000	0.040	0.058	0.111	0.118	0.000	0.004	0.0000
8	0	83	112	204	214	0	6	0.000	0.039	0.058	0.111	0.117	0.000	0.003	0.0000
9	0	65	93	181	193	0	5	0.000	0.040	0.058	0.112	0.119	0.000	0.004	0.0000
10	0	68	100	189	199	0	5	0.000	0.038	0.056	0.109	0.116	0.000	0.004	0.0000
11	0	65	97	186	194	0	5	0.000	0.038	0.055	0.109	0.114	0.000	0.004	0.0000
12	0	65	98	192	202	0	4	0.000	0.040	0.058	0.111	0.118	0.000	0.004	0.0000
13	0	66	97	188	195	0	5	0.000	0.038	0.056	0.110	0.116	0.000	0.003	0.0000
14	0	66	95	183	193	0	6	0.000	0.039	0.057	0.111	0.118	0.000	0.003	0.0000
15	0	66	96	189	200	0	6	0.000	0.039	0.057	0.111	0.118	0.000	0.003	0.0000
16	0	66	98	185	196	0	6	0.000	0.037	0.055	0.109	0.116	0.000	0.004	0.0000
17	0	60	91	182	192	0	6	0.000	0.038	0.057	0.111	0.118	0.000	0.004	0.0000
18	0	61	82	172	186	0	6	0.000	0.040	0.058	0.113	0.119	0.000	0.004	0.0000
19	0	63	96	187	197	0	6	0.000	0.038	0.056	0.111	0.118	0.000	0.004	0.0000

图2.7　数据报表信息

观测严格按照农业气象观测规范进行，制定统一格式模板，详见附件1至附件4，每月15日之前按时分析表格。

2.3 观测数据分析

2.3.1 日光温室小气候与观测场大气候比较

对比同时期大棚内外气象要素，喀左县的观测数据如表2.1、表2.2所示。2014年小河湾的暖棚平均气温与棚外的平均气温相差11.6 ℃，高温相差16.3 ℃，低温相差11.2 ℃。而在5—9月的示范场冷棚与棚外比较中发现，平均气温温差只有1.1 ℃，高温温差为3 ℃。

表2.1　2014年1—12月小河湾棚内外气象要素对比									
2014年	平均气温/℃	最高气温/℃	最低气温/℃	相对湿度/(%)	总辐射量/(MJ·m^{-2})	光照强度/lx	CO_2浓度/(×10^{-6})	最高CO_2浓度/(×10^{-6})	最低CO_2浓度/(×10^{-6})
棚内平均	21.8	33.8	15.1	77.3	3 462.3	21 694.0	884.0	1 362.7	431.6
棚外平均	10.2	17.5	3.9	51.0	5 134.8	41 947.0	452.9	496.8	426.0
棚内外差	11.6	16.3	11.2	26.3	−1 672.5	−20 253.0	431.1	865.9	5.5

注：暖棚全生育期棚膜透光率为58.8%。

表2.2　2014年5月至9月上旬示范场冷棚与棚外比较					
2014年	平均气温/℃	最高气温平均/℃	最低气温平均/℃	相对湿度/(%)	光照强度/lx	CO_2浓度/(×10^{-6})
棚内平均	22.3	31.5	15.1	70.0	28 632.0	466.2
棚外平均	21.2	28.5	14.2	62.0	46 609.0	372.0
棚内外差	1.1	3.0	0.9	8.0	−17 977.0	94.2

注：冷棚全生育期棚膜透光率为61.4%。

2.3.2 日光温室棚内小气候年变化规律

如图2.8所示，棚内平均气温：2010—2014年小河湾暖棚内平均气温为21.3 ℃，比棚外高12.2 ℃。棚内7月平均气温最高，为31.2 ℃；1月平均气温最低，为16.3 ℃。

如图2.9所示，棚内最高气温：2010—2014年棚内平均气温为33.5 ℃，比棚外高17.4 ℃。其中8月平均气温最高，为45.5 ℃；11月平均气温最低，为29.2 ℃。

如图2.10所示，棚内最低气温：2010—2014年棚内平均气温为14.7 ℃，比棚外高11.5 ℃。棚内最低气温平均为10.3～23.1 ℃，分别出现在1月、7月。

如图2.11所示，棚内相对湿度：2010—2014年棚内平均为79%，比棚外高21%。全年各月相对湿度为72%～88%，分别出现在7月、8月和1月、12月。7月、8月是休棚期，相对湿度与外界几乎相同。

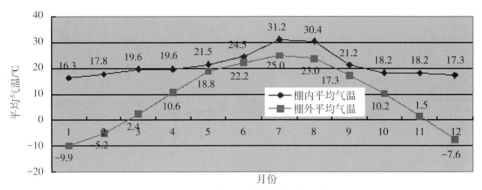

图2.8　2010—2014年小河湾暖棚内外平均气温对比

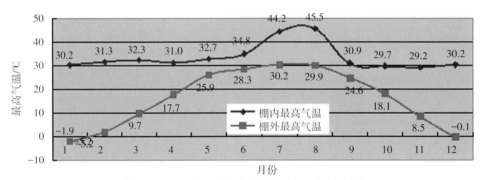

图2.9　2010—2014年小河湾暖棚内外最高气温对比

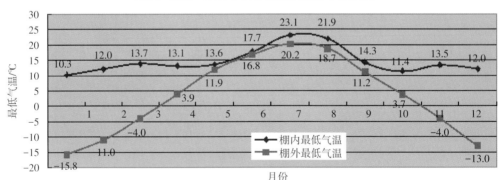

图2.10　2010—2014年小河湾暖棚内外最低气温对比

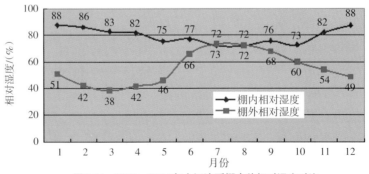

图2.11　2010—2014年小河湾暖棚内外相对湿度对比

如图 2.12 所示，棚内地温：2010—2014 年棚内 5 cm、10 cm、15 cm、20 cm、30 cm 和 40 cm 地温分别 21.2 ℃、21.1 ℃、21.0 ℃、20.8 ℃、20.7 ℃和 20.6 ℃，各层地温差异不大。1 月地温最低，为 16.3 ℃；8 月地温最高，为 30.1 ℃。各月地温差异大。各层地温与棚外地温差为 10.8～11.2 ℃。

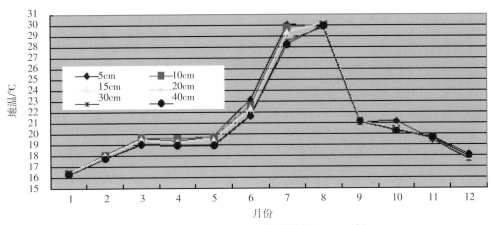

图 2.12　2010—2014 年小河湾暖棚内 5~40 cm 地温

如图 2.13 所示，CO_2 浓度：2010—2014 年棚内 CO_2 浓度年平均为 $906×10^{-6}$，比棚外高 $453×10^{-6}$。12 月 CO_2 浓度最高，平均为 $1\,229×10^{-6}$；6 月最低，为 $636×10^{-6}$。

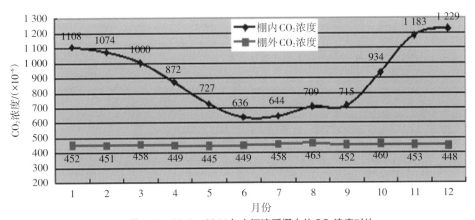

图 2.13　2010—2014 年小河湾暖棚内外 CO_2 浓度对比

如图 2.14 所示，棚内太阳总辐射：2012—2014 年棚内太阳总辐射量年平均量为 2 683.30 MJ/m²，比棚外少 2 452.53 MJ/m²。棚内各月太阳总辐射为 146.93～335.50 MJ/m²，分别出现在 12 月和 5 月。

如图 2.15 所示，棚内光照强度：2012—2014 年棚内光照强度平均为 23 337 lx，比棚外（2014 年值）少 18 610 lx，棚膜透光率为 55.6%。3 月最高，为 31 239 lx；8 月最低，为 16 607 lx。8 月棚膜老化严重，透光率仅为 36%。

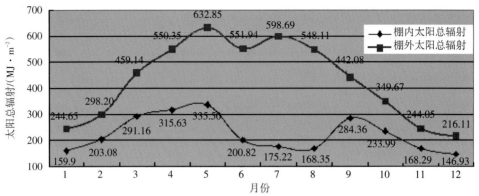

图2.14　2010—2014年小河湾暖棚内外太阳总辐射量对比

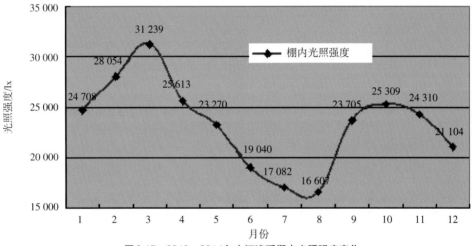

图2.15　2010—2014年小河湾暖棚内光照强度变化

2.3.3　日光温室棚内小气候日变化规律

对比不同类型天气下的气温变化，如图2.16所示。晴天时，早掀帘后棚内气温迅速上升，10—11时棚内开始放风，气温上升比较缓慢。11—14时气温达到全天最高，14—15时30分气温在小范围内波动频繁，小幅度缓慢下降。晚盖帘后气温平稳下降，至第二日早掀帘时气温达到全天最低。多云时，棚内气温变化幅度没有晴天剧烈。早掀帘后，气温上升缓慢，幅度较小。夜间棚内气温平缓下降，温差低于晴天。阴（雨雪）天时，棚内气温起伏不明显，昼夜温差低于晴天和阴天。

棚内相对湿度在一昼夜变化较大，不同天气，棚内的相对湿度也有明显的差别。晴天时棚内相对湿度较低，多云较高，阴天最高。

对比不同类型天气下的相对湿度变化，如图2.17所示。晴天时，早掀帘后，棚内相对湿度迅速下降，至10时以后，棚内开始放风后，相对湿度继续下降，并在小范围内波动频繁，12—14时棚内相对湿度达到一天中的最低值。此后相对湿度逐渐缓慢上升，晚盖帘后棚内相对湿度一直处于平稳高湿状态，一般在90%以上。多云时，棚内相对湿度的变化幅度没有晴天剧烈，湿度明显高于晴天。阴天时，棚内相对湿度变化较平稳，下降不明

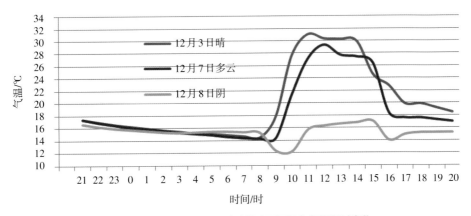

图2.16　2013年12月小河湾大棚内不同天气气温逐时变化

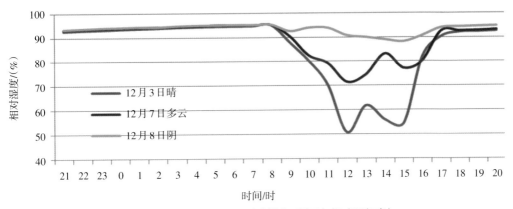

图2.17　2013年12月小河湾大棚内不同天气相对湿度对比

显，比晴天时高7%左右。一般遇到3 d以上的连阴天气，棚内湿度会一直处于高湿状态，易引发作物病虫害的发生，棚户应特别注意。

对比不同类型天气下的CO_2浓度变化，如图2.18所示。CO_2最高浓度出现的时间因季节不同而不同：大棚需要盖帘保温期间，即11月至翌年4月，早掀帘前棚内的CO_2浓度达到一天的最高值。5—6月大棚无须盖帘保温，CO_2最高浓度出现在日出前，即大棚见光时间前。棚内CO_2最低浓度出现时间因月份而不同，总体上是在12—17时出现，时间跨度较长。晴天时棚内CO_2浓度的变化比多云和阴天激烈。晴天时棚内作物见光后光合作用逐渐加强，消耗CO_2速率加快，CO_2浓度下降速率快。特别是早掀帘2~3 h内是CO_2浓度下降速率最快时间段。至晚盖帘后CO_2浓度持续小幅度平稳上升，夜间棚内CO_2富积（越积累越多），至第二天早见光前，浓度再次达到最高值。

对比不同类型天气下的光照强度变化，如图2.19所示。早掀帘后，棚内光照强度较低，此后光照强度随外界光照强度的加强而逐渐增强，至12时达到全天的最高值。12时以后，光照强度逐渐减弱。晚盖帘前的光照强度低于早掀帘后的强度。棚内光照强度受天气状况的影响明显：晴天时棚内光照强度最高，多云天气次之，阴天最低。

地温的变化受天气状况的影响：晴天时，地温上升幅度较大，多云天气地温上升缓

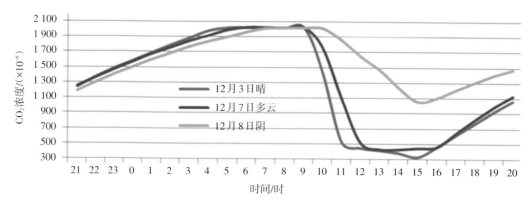

图2.18　2013年12月小河湾大棚内CO_2浓度不同天气对比

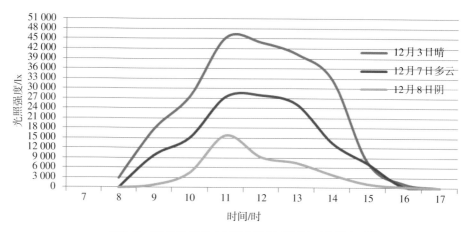

图2.19　2013年12月小河湾大棚内不同天气光照强度对比

慢，阴天天气地温基本趋于平稳或小幅度缓慢下降。

　　对比不同类型天气下的地温变化，如图2.20~图2.23所示。5 cm和10 cm地温在8—10时最低。早掀帘后地温基本趋于平稳，上升缓慢。10时以后土壤吸收太阳辐射的热量，回升较快，至18—20时地温达到最高值，20时后地温逐渐下降，至次日早掀帘时降到最低。

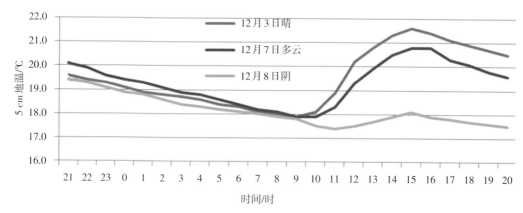

图2.20　2013年12月小河湾大棚内不同天气5 cm地温

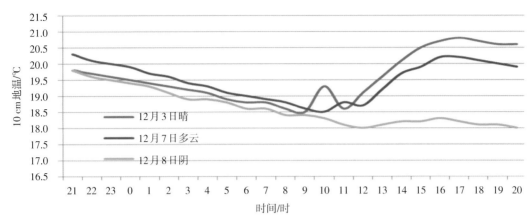

图2.21　2013年12月小河湾大棚内不同天气10 cm地温

　　15 cm和20 cm地温的变化幅度没有5 cm和10 cm地温变化幅度大。在10时左右地温最低，10时以后地温缓慢回升，22时至翌日0时地温达到最高值，比5 cm和10 cm地温时间延后。0时后地温缓慢下降。

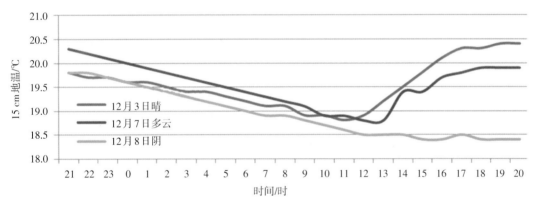

图2.22　2013年12月小河湾大棚内不同天气15 cm地温

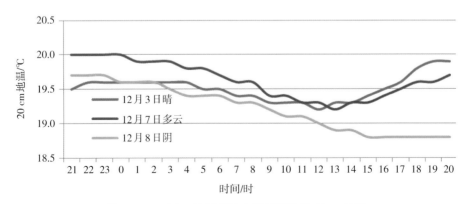

图2.23　2013年12月小河湾大棚内不同天气20 cm地温

2.3.4 棚内不同位置气象要素比较试验

在棚内设置9个观测点。

2.3.4.1 气温变化特征

大棚气温在南北向、东西向和垂直方向的分布上也有明显的差别，并受天气状况和棚体大小的影响。一般大棚东西方向越长，棚内气温越高且平稳。

棚内南北向气温分布：南部（大棚前部）气温较低，中部较高，北部最高。通过近3 a 的观测数据统计分析得知，南部气温比中部低0.4 ℃，比北部低0.7 ℃。在12月至翌年1月气温较低时，棚前后气温相差更加明显，南部比北部偏低2～3 ℃。而5月后，由于棚内全量放风，棚内前后气温相差不明显。

棚内东西向气温分布：一般是靠近棚门侧气温较低，棚中间气温较高，里侧气温最高。统计分析表明，棚门侧气温低于中间0.3 ℃，低于棚里侧0.6 ℃。

垂直方向气温分布：白天接近棚顶处气温最高，中部次之，低部最低。夜晚相反。

2.3.4.2 地温变化特征

南北向：在南北向分布上，南部（棚前部）地温最低，棚中部较高，棚北部（棚后部）最高。南部地温平均为17.0 ℃，比中部低1.1 ℃，比北部低1.4 ℃。特别是冬季最冷月时，南部地温明显低于中部和北部，加之棚南部气温也偏低，距棚前沿2 m 内作物长势明显劣于中部和北部，且易得病。

东西向：一般是靠近棚门侧地温较低，越向棚里地温越高。分析10 cm 地温得出如下结论：靠近棚门侧地温比中间低0.3 ℃，比棚里部低0.7 ℃。

2.3.5 棚内中部不同观测点气象要素比较试验

在喀左县大城子镇小河湾村日光温室中部南北向，每隔1 m 设置1个观测点，共设置5个观测点，从北向南编号，分别为1、2、3、4、5号。观测的设备有干球、湿球温度，最高、最低气温及5~20 cm 地温。

由于1—2月棚内气温、地温由北向南逐渐降低，相对湿度则由北向南逐渐增高（表2.3、表2.4）。

表2.3　2014年1—2月棚内气温、相对湿度比较

编号	平均气温/℃	最高气温/℃	最低气温/℃	相对湿度/(%)
1	16.4	28.6	10.2	88
2	16.3	28.1	10.0	91
3	16.2	28.2	10.1	91
4	16.2	28.5	10.1	93
5	15.6	27.9	9.8	92

表2.4　棚内2014年1—2月平均地温				℃
位置	5 cm	10 cm	15 cm	20 cm
前	14.6	15.0	15.2	15.4
中	16.9	16.9	17.0	17.0
后	17.1	17.3	17.1	17.1

2014年1—6月各要素比较：由于进入3月后，放风时间加长，气温和地温受放风口影响，规律不再呈现北高南低的现象，3号观测位置（中间）最有代表性。

棚内由北向南平均气温北部最高，依次高0.2 ℃、0.1 ℃、0.2 ℃和0.4 ℃。棚内由北向南最高气温4号最高，为32.8 ℃；3号次之，为32.5 ℃；5号第三，为32.4 ℃；1号第四，为32.3 ℃；2号最低，为32.1 ℃。3号中间位置有代表性。棚内由北向南最低气温北部最高，为12.4 ℃，依次高于其他0.4 ℃、0.2 ℃、0.3 ℃和0.5 ℃。3号中间位置最具代表性。

相对湿度比较，见表2.5。2014年1—6月棚内相对湿度是北部最低（进入3月后，放风时间加长，1号位于放风口下，所以湿度最低），为78%，依次低于其他3%、2%、3%和2%。3号中间最具有代表性。

表2.5　2014年1—6月棚内不同位置气温与相对湿度比较				
编号	平均气温/℃	最高气温/℃	最低气温/℃	相对湿度/(%)
北向南1	20.2	32.3	12.4	78
2	20.0	32.1	12.0	81
3	20.1	32.5	12.2	80
4	20.0	32.8	12.1	81
5	19.8	32.4	11.9	80
1~5号平均	20.0	32.4	12.1	80

地温比较，见表2.6。2014年进入3月后，由于加长放风时间，棚后部地温明显低于棚中部地温。棚内中部地温最具代表性。

表2.6　2014年1—5月棚内不同位置地温比较				℃
位置	5 cm	10 cm	15 cm	20 cm
棚前（南）	16.7	16.7	16.6	16.6
棚中	17.7	17.7	17.6	17.5
棚后（北）	17.3	17.4	17.3	17.2
平均	17.2	17.3	17.2	17.1

2.3.6　人工24 h连续观测与小气候仪器对比

2012年10月17日至2014年2月20日，人工连续共52 d的逐时观测，见表2.7。52 d逐时的连续观测自动站平均气温比人工高0.5 ℃；相对湿度比人工低6%。5 cm地温与人工同值，10 cm地温比人工高0.2 ℃，15 cm地温与人工同值；20 cm比人工高0.1 ℃。小气候自动站与人工观测数值差距不大。初步分析，可以根据连续观测和常规观测数据差对自动站仪器进行数值订正。

表2.7　2012年10月17日至2014年2月20日52 d连续对比观测值

类别	平均气温/℃	相对湿度/(%)	5 cm地温/℃	10 cm地温/℃	15 cm地温/℃	20 cm地温/℃
人工观测	19.7	87.0	18.4	18.2	18.1	18.0
小气候自动站	20.2	78.6	18.4	18.4	18.1	18.1
预警仪	21.3	72.0	—	18.5	18.2	—
自动与人工差	0.5	−6	0.0	0.2	0.0	0.1
预警与人工差	1.7	−15		0.2	0.0	—

2.3.7　不同区域棚内气象要素对比

对喀左县东、南、西、北中不同气候区日光温室小气候进行分析，棚内外平均气温全县相差12.2 ℃。最大为西部六官营子，相差13.4 ℃；最小为北部公营子，相差10.4 ℃。棚内外最高气温全县相差16.8 ℃。最大为西部六官营子，相差19.9 ℃；最小为北部公营子，相差12.9 ℃。棚内外最低气温全县相差12.3 ℃。最大为南部平房子，相差13.6 ℃；最小为北部公营子，相差11.5 ℃。棚内外相对湿度全县相差26%。最大为北部公营子，相差30%；最小为南部平房子，相差24%。全县棚内CO_2浓度平均为890.6×10^{-6}。最大为中部小河湾，为$1\,023 \times 10^{-6}$；最小为北部公营子，为688×10^{-6}（图2.24~图2.28）。

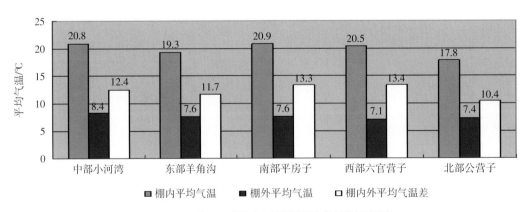

图2.24　2012年1—12月喀左县区域棚内外平均气温比较

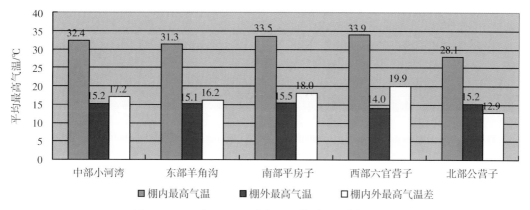

图2.25 2012年1—12月喀左县区域棚内外最高气温比较

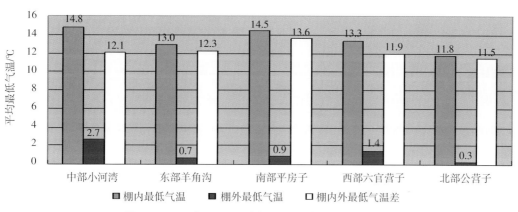

图2.26 2012年1—12月喀左县区域棚内外最低气温比较

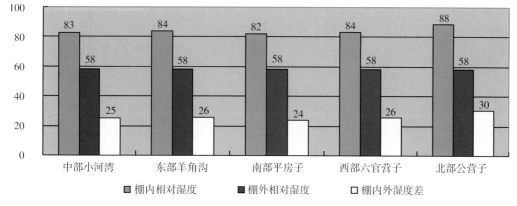

图2.27 2012年1—12月喀左县区域棚内外相对湿度比较

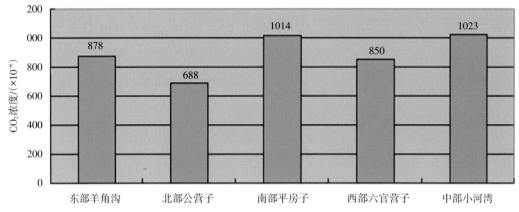

图2.28   2012年1—12月喀左县区域棚内外CO_2浓度比较

3

气象灾害与试验

　　收集整理已有的农业气象灾害指标，通过在棚内开展作物生长发育观测试验，来完善设施作物遭受低温冻害、连阴寡照的气象灾害指标，利用人工气候箱控制试验对这些指标进行检验，再根据棚内外气象要素对应关系，建立作物遭受低温冻害、连阴寡照的外界气象灾害判别指标。普查暴雪垮棚、大风掀棚的历史资料及设施农业受灾损失程度，选择灾害频发区利用自然条件开展大棚抵御暴雪、大风的抗灾能力试验，来建立暴雪垮棚、大风掀棚的气象灾害判别指标。设计抗灾试验的业务流程和技术方案，进行棚内作物低温、连阴影响试验和大棚抗风、抗雪能力试验。

3.1　低温冻害、连阴寡照影响试验

　　在南京信息工程大学，利用人工气候箱（室）开展了棚内蔬菜生长发育期间低温和寡照对蔬菜影响的科学试验。设计不同持续期的低温、寡照处理方案，测定不同处理时间及受害恢复时间参数，测定处理后作物叶片的光响应曲线、平均光合速率、潜在光化学效率、化学淬灭、电子传递效率、保护酶活性等生理参数，分析不同处理后的光合生理特征，判定设施作物不同发育阶段的临界气象灾害指标。

3.1.1　试验准备

　　2012 年 1—3 月开展试验准备，在农业气象试验站内的人工气候箱及低温冰柜中进行，人工气候箱内部容积 1 260 L，光照控制范围 0~1 000 μmol/(m²·s)，温度控制范围 5~45 ℃，湿度控制范围 30%~90%。

　　培育东北地区的种子（碧露黄瓜、卡迪甜椒、靓粉 2 号番茄、黑旋风一代茄子）、苗木等，购买药品、仪器设备。

　　2012 年 4—7 月开展设施作物低温人工环境控制试验（图 3.1）。以主要设施作物西红柿、黄瓜、辣椒、茄子为试材，利用人工气候箱进行低温控制试验，设计 0~10 ℃不同梯度和不同处理时间。2012 年 8—12 月进行设施作物连阴寡照控制试验，寡照 [100~400 μmol/(m²·s)] 不同处理时间，测定不同处理时间及恢复时间参数，并记录观测数据。2013 年 4—8 月开展设施作物动态低温人工环境控制试验。

图3.1　人工气候箱及苗期处理

3.1.2　试验方案

利用东北地区主要设施作物品种（西红柿、黄瓜、青椒、茄子）作为试验材料，利用人工气候箱进行低温控制试验。设计5种试验方案，表3.1~表3.4为前4种试验方案，设置不同温度梯度和不同处理时间，测定不同处理的设施作物生理参数。

表3.1　试验方案一					
时间段	要素	0—9时	9—11时	11—16时	16时至翌日0时
第一天	温度/℃	5	5	5	5
	湿度/(%)	95	95	95	95
	光照强度/($\mu mol \cdot m^{-2} \cdot s^{-1}$)	0	0	0	0
第二天	温度/℃	5	5	5	1
	湿度/(%)	95	95	95	95
	光照强度/($\mu mol \cdot m^{-2} \cdot s^{-1}$)	0	0	0	0

续表

时间段	要素	0—9时	9—11时	11—16时	16时至翌日0时
第三天	温度/℃	−1	10	25	7
	湿度/(%)	95	95	70	95
	光照强度/(μmol · m^{-2} · s^{-1})	0	0	400	0
第四天	温度/℃	0	15	25	—
	湿度/(%)	95	70	70	—
	光照强度/(μmol · m^{-2} · s^{-1})	0	500	400	—

表3.2　试验方案二

时间段	要素	0—9时	9—11时	11—16时	16时至翌日0时
第一天	温度/℃	5	5	5	5
	湿度/(%)	95	95	95	95
	光照强度/(μmol · m^{-2} · s^{-1})	0	0	0	0
第二天	温度/℃	5	5	5	2
	湿度/(%)	95	95	95	95
	光照强度/(μmol · m^{-2} · s^{-1})	0	0	0	0
第三天	温度/℃	0	10	25	7
	湿度/(%)	95	95	70	95
	光照强度/(μmol · m^{-2} · s^{-1})	0	0	400	0
第四天	温度/℃	2	15	25	
	湿度/(%)	95	70	70	
	光照强度/(μmol · m^{-2} · s^{-1})	0	500	400	

表3.3　试验方案三

时间段	要素	0—9时	9—11时	11—16时	16时至翌日0时
第一天	温度/℃	5	5	5	5
	湿度/(%)	95	95	95	95
	光照强度/(μmol · m^{-2} · s^{-1})	0	0	0	0
第二天	温度/℃	5	5	5	3

续表

时间段	要素	0—9时	9—11时	11—16时	16时至翌日0时
第二天	湿度/(%)	95	95	95	95
	光照强度/(μmol·m⁻²·s⁻¹)	0	0	0	0
第三天	温度/℃	1	10	25	8
	湿度/(%)	95	95	70	95
	光照强度/(μmol·m⁻²·s⁻¹)	0	0	400	0
第四天	温度/℃	3	15	25	—
	湿度/(%)	95	70	70	—
	光照强度/(μmol·m⁻²·s⁻¹)	0	500	400	—

表3.4　试验方案四					
时间段	要素	0—9时	9—11时	11—16时	16时至翌日0时
第一天	温度/℃	5	5	5	5
	湿度/(%)	95	95	95	95
	光照强度/(μmol·m⁻²·s⁻¹)	0	0	0	0
第二天	温度/℃	5	5	5	4
	湿度/(%)	95	95	95	95
	光照强度/(μmol·m⁻²·s⁻¹)	0	0	0	0
第三天	温度/℃	2	10	25	8
	湿度/(%)	95	95	70	95
	光照强度/(μmol·m⁻²·s⁻¹)	0	0	400	0
第四天	温度/℃	4	15	25	—
	湿度/(%)	95	70	70	—
	光照强度/(μmol·m⁻²·s⁻¹)	0	500	400	—

　　试验方案五为动态低温弱光高湿试验设计方案。在黄瓜、西红柿、辣椒和茄子4种作物苗期和开花期选择相对一致的植株移入人工气候箱进行连续4 d的变温处理。采用前2 d没有光照，湿度为95%，第三天有4 h弱光照，第四天光照正常。共设4个低温弱光高湿处理模式：5~2~4 ℃，5~1~3 ℃，5~0~2 ℃，5~（-1）~1 ℃，温度日变化模拟低温冻害发生自然气候特征，由程序自动控制（表3.5），连续运转96 h后，进入程序的下一个循环。

每个处理持续4 d，恢复3 d，恢复期间白天设置25 ℃，晚上18 ℃，相对湿度控制在75%，光强设置1 000 μmol/(m²·s)，每个处理12株苗，重复3次，每个处理共36株苗。

表3.5　动态低温弱光高湿胁迫试验方案

处理	时间	1 d			2 d			3 d			4 d		
	要素	T	R	L	T	R	L	T	R	L	T	R	L
1	0—9时	5	95	0	5	95	0	2	95	0	4	95	0
	9—11时	5	95	0	5	95	0	10	95	0	15	70	500
	11—16时	5	95	0	5	95	0	25	70	400	25	70	400
	16时至翌日0时	5	95	0	4	95	0	8	95	0	—	—	—
2	0—9时	5	95	0	5	95	0	1	95	0	3	95	0
	9—11时	5	95	0	5	95	0	10	95	0	15	70	500
	11—16时	5	95	0	5	95	0	25	70	400	25	70	400
	16时至翌日0时	5	95	0	3	95	0	8	95	0	—	—	—
3	0—9时	5	95	0	5	95	0	0	95	0	2	95	0
	9—11时	5	95	0	5	95	0	10	95	0	15	70	500
	11—16时	5	95	0	5	95	0	25	70	400	25	70	400
	16时至翌日0时	5	95	0	5	95	0	7	95	0	—	—	—
4	0—9时	5	95	0	5	95	0	-1	95	0	1	95	0
	9—11时	5	95	0	5	95	0	10	95	0	15	70	500
	11—16时	5	95	0	5	95	0	25	70	400	25	70	400
	16时至翌日0时	5	95	0	1	95	0	7	95	0	—	—	—

注：T为温度（℃）；R为相对湿度（%）；L为光照强度。

图3.2　叶片光合、荧光测定

用LI-6400便携式光合测定仪（Ll-COR公司，美国）（图3.2），在恢复处理后9—11时间测定叶片光合特性，测定时控制叶室中CO_2浓度为600 μmol/mol，光量子通量密度设置为1 400、1 200、1 000、800、600、400、300、200、150、100、50、20和0 μmol/(m²·s)。由LI-6400内置程序自动完成测定，为减少误差，测定部位为已做标记的固定功能叶（各个处理间都取第几片叶，固定），每处理测定3株作为重复。

叶绿素荧光参数的测量用LI-6400光合作用测定系统的6400-40荧光叶室，在恢复处理后10时左右测量同一叶片的光适应荧光参数F_o'、F_m'和F_s，再测量暗适应荧光参数F_o、F_m，进而计算得到PSII最大量子产量（F_v/F_m），光下开放的PSII反应中心的激发能捕获效率（F_v'/F_m'）、作用光存在时PSII实际的光化学量子效率、光化学淬灭及非光学淬灭，每个处理重复3次。

3.1.3 试验过程

分析试验数据，确定作物致灾气象要素临界值，如图3.3所示。

图3.3 酶活性测定

3.1.3.1 设施作物动态低温灾害指标确定技术

4种设施作物黄瓜品种为碧露，甜椒品种为卡迪，番茄品种为靓粉2号，茄子品种为黑旋风一代，设计4种作物的动态低温（-1/25 ℃、0/25 ℃、1/25 ℃）试验方法，确定低温胁迫指数，确定不同低温灾害等级的气象指标。分别在4种蔬菜苗期、花期进行。试验期间，人工气候箱相对湿度控制为75%，光合有效辐射控制为800 μmol/(m²·s)，以25 ℃处理为对照，处理结束后置于自然条件下恢复1~3 d。通过测定不同处理植株叶片的光合特性、荧光动力参数、叶片保护酶活性等生理特性，利用叶片最大光合速率和光系统Ⅱ的潜在光化学效率判断低温灾害对光系统产生不可逆的伤害的临界气象指标，再结合叶片保护酶活性的变化趋势，确定低温伤害的指标。在此基础上，构建低温胁迫指数：

$$LTI = P'_{gmax}/P_{gmax} \times (F_r/F_m)' : (F_r/F_m) \times 10$$

式中，LTI 为低温胁迫指数，P_{gmax} 和 P'_{gmax} 分别表示最适温度及低温胁迫下的最大光合速率 $[\mu mol/(m^2 \cdot s)]$，F_r/F_m 和 $(F_r/F_m)'$ 分别表示最适温度及低温状态下的 PS II 潜在光化学效率。将动态低温试验计算所得的 4 种设施作物苗期 P'_{gmax}、P_{gmax}、$(F_r/F_m)'$、F_r/F_m 值代入上式，对于 4 种作物，认为在最适宜温度条件下，LTI 值为 10，根据 LTI 值可将低温胁迫分为轻度、中度、重度、特重度灾害 4 个等级，从而得到不同低温灾害等级的气象指标。

3.1.3.2 寡照灾害指标的确定技术

本技术采用可控玻璃温室，对主要设施品种碧露黄瓜、卡迪甜椒、靓粉 2 号番茄、黑旋风一代茄子进行控制试验。利用透光率 30% 的遮阳网遮光，温室温度白天设计 25 ℃，夜间 16 ℃。以不遮阳为对照 CK，试验设计寡照处理 3 d，5 d，7 d 和 9 d，每处理 3 盆，在处理后分别恢复 1~5 d 全光照射。测定光合特性和荧光动力参数，利用不同寡照及恢复处理的叶片最大光合速率变化趋势，在恢复期间最大光合速率仍为负值时，可认为光系统活性受到不可逆的伤害，在此基础上构建寡照胁迫指数，利用不同寡照指数范围确定等级指标。

3.1.3.3 低温冻害指标确定技术

技术主要方法是利用取样器抽取 4 种作物（碧露黄瓜、卡迪甜椒、靓粉 2 号番茄、黑旋风一代茄子）的叶片样品 10 片，分别置于信封中在低温冰柜（FYL-YS30，北京）中进行，设置低温处理：-3 ℃、-2 ℃、-1 ℃、0 ℃、2 ℃和 4 ℃，持续处理 12 h，以在 25 ℃处理为对照。将处理后的叶片样品取出解冻并用蒸馏水擦拭干净，晾干。利用仪器（DDSJ 308，上海）测定叶片电导率，测定时取一洁净小烧杯，加入 40 mL 蒸馏水，用数字电导仪测出其电导率 R_0。选取经过低温处理的叶片，避开主叶脉，每组用打孔器取直径 1.5 cm 叶肉组织 3 等份（即 3 次重复），每份 5 片，置于小烧杯中，加入 40 mL 蒸馏水浸泡 5~6 h（尽量避免叶片之间重叠），测出其电导率 R_1。再将小烧杯用保鲜膜封好放入水浴锅中蒸煮 30 min，取出冷却后再次测出其电导率 R_2。相对电导率和伤害率的计算方法如下：

$$R(\%) = \frac{R_1 - R_0}{R_2 - R_0} \times 100\%$$

$$M(\%) = \frac{R_2 - R_e}{1 - R_e} \times 100\%$$

式中，R 为相对电导率；M 为伤害率；R_e 为对照组相对电导率。

绘制苗期和开花坐果期 4 种蔬菜叶片相对电导率随处理温度的变化曲线，利用相对电导率突然增加到 50% 以上，结合伤害率，判定植株的叶片细胞膜均受到严重损伤，电解质大量外渗，蔬菜可能受到严重冻害。

3.1.4　试验数据分析

3.1.4.1　低温胁迫试验

完成 4 种设施作物（番茄、黄瓜、辣椒、茄子）动态低温人工环境控制试验，测定设施作物叶片光合特性（最大光合作用速率、光饱和点、补偿点）、叶绿素荧光动力参数（F_v/F_m、qN、qP 和 ETR）、保护酶活性（SOD、POD、CAT、MDA），构建低温胁迫指数，确定不同作物不同发育段低温冷害等级的气象指标。

（1）苗期低温胁迫指数

低温胁迫时，4种设施作物最大光合速率和PSII潜在光化学效率 F_v/F_m 下降显著，为了更好地描述低温胁迫对黄瓜、番茄、甜椒、茄子生理特性的影响，在此，引进动态低温胁迫指数，其计算公式为：

$$LTI=P'_{gmax}/P_{gmax}×(F_v/F_m)'/(F_v/F_m)×10$$

式中，LTI 为低温胁迫指数；P_{gmax} 和 P'_{gmax} 分别表示最适温度及低温胁迫下的最大光合速率，F_v/F_m 和 $(F_v/F_m)'$ 分别表示最适温度及低温状态下的PSII潜在光化学效率。将动态低温试验计算所得的4种设施作物苗期 P'_{gmax}、P_{gmax}、$(F_v/F_m)'$ 和 F_v/F_m 值代入上式，对于4种作物，认为在最适宜温度条件下，LTI 值为10，根据LTI指数值可将低温胁迫分为轻度、中度、重度、特重度灾害4个等级。计算得到LTI的值如表3.6~表3.9所示。由表可见，同一实验方案，胁迫时间越长，4种设施作物 LTI 越低、受灾等级越高；不同实验方案，胁迫程度越重，灾害等级越高。其中黄瓜、甜椒、番茄、茄子分别在最低0 ℃胁迫、最低2 ℃胁迫、最低-1 ℃胁迫、最低2 ℃胁迫时，其LTI指数变为负值，达到特重级灾害。

表3.6 苗期黄瓜动态低温胁迫指数								
项目	P_{gmax}	F_v/F_m	P_{gmax}'	F_v/F_m'	P_{gmax}'/P_{gmax}	$(F_v/F_m')/$ (F_v/F_m)	LTI	灾害等级
-1 ℃ 1 d	14.699 69	0.823 621	5.654 723	0.644 441	0.384 683	0.782 448	3.009 946	Ⅱ级，中等
-1 ℃ 2 d	14.699 69	0.823 621	0.568 426	0.456 843	0.038 669	0.554 676	0.214 489	Ⅲ级，重度
-1 ℃ 3 d	14.699 69	0.823 621	-1.830 250	0.262 314	-0.124 510	0.318 489	-0.396 550	Ⅳ级，特重
-1 ℃ 4 d	14.699 69	0.823 621	-1.956 380	0.205 135	-0.133 090	0.249 065	-0.331 480	Ⅵ级，特重
0 ℃ 1 d	14.699 69	0.823 621	6.032 651	0.701 247	0.410 393	0.851 419	3.494 166	Ⅱ级，中等
0 ℃ 2 d	14.699 69	0.823 621	1.635 843	0.565 471	0.111 284	0.686 567	0.764 040	Ⅲ级，重度
0 ℃ 3 d	14.699 69	0.823 621	-1.029 650	0.264 754	-0.070 050	0.321 452	-0.225 160	Ⅳ级，特重
0 ℃ 4 d	14.699 69	0.823 621	-1.263 550	0.263 549	-0.085 960	0.319 988	-0.275 050	Ⅳ级，特重
1 ℃ 1 d	14.699 69	0.823 621	7.036 254	0.710 363	0.478 667	0.862 487	4.128 438	Ⅰ级，轻等低温灾害
1 ℃ 2 d	14.699 69	0.823 621	1.423 652	0.642 365	0.096 849	0.779 928	0.755 353	Ⅲ级，中等
1 ℃ 3 d	14.699 69	0.823 621	0.665 429	0.342 875	0.045 268	0.416 302	0.188 453	Ⅲ级，重度
1 ℃ 4 d	14.699 69	0.823 621	0.956 329	0.303 633	0.065 058	0.368 656	0.239 839	Ⅲ级，重度
2 ℃ 1 d	14.699 69	0.823 621	8.021 385	0.750 222	0.545 684	0.910 883	4.970 541	Ⅰ级，轻等低温灾害

续表

项目	$P_{g\max}$	F_v/F_m	$P_{g\max}'$	F_v/F_m'	$P_{g\max}'/P_{g\max}$	$(F_v/F_m')/(F_v/F_m)$	LTI	灾害等级
2 ℃ 2 d	14.699 69	0.823 621	2.034 622	0.675 487	0.138 413	0.820 143	1.135 181	Ⅱ级，中等
2 ℃ 3 d	14.699 69	0.823 621	1.053 625	0.453 625	0.071 677	0.550 769	0.394 773	Ⅲ级，重度
2 ℃ 4 d	14.699 69	0.823 621	2.625 637	0.562 564	0.178 618	0.683 037	1.220 030	Ⅱ级，中等

表 3.7　苗期甜椒动态低温胁迫指数

项目	$P_{g\max}$	F_v/F_m	$P_{g\max}'$	F_v/F_m'	$P_{g\max}'/P_{g\max}$	$(F_v/F_m')/(F_v/F_m)$	LTI	灾害等级
-1 ℃ 1 d	15.742 11	0.822 048	6.019 479	0.601 948	0.382 381	0.732 254	2.799 998	Ⅱ级，中等
-1 ℃ 2 d	15.742 11	0.822 048	1.368 954	0.338 954	0.086 961	0.412 329	0.358 567	Ⅲ级，重度
-1 ℃ 3 d	15.742 11	0.822 048	-1.354 640	0.203 546	-0.086 050	0.247 608	-0.213 070	Ⅳ级，特重
-1 ℃ 4 d	15.742 11	0.822 048	-1.436 290	0.243 629	-0.091 240	0.296 368	-0.270 400	Ⅳ级，特重
0 ℃ 1 d	15.742 11	0.822 048	7.658 843	0.688 542	0.486 519	0.837 594	4.075 056	Ⅱ级，轻等低温灾害
0 ℃ 2 d	15.742 11	0.822 048	2.151 529	0.451 529	0.136 673	0.549 273	0.750 711	Ⅳ级，重度
0 ℃ 3 d	15.742 11	0.822 048	-0.987 650	0.253 222	-0.062 740	0.308 038	-0.193 260	Ⅳ级，特重
0 ℃ 4 d	15.742 11	0.822 048	-1.036 250	0.262 556	-0.065 830	0.319 392	-0.210 250	Ⅳ级，特重
1 ℃ 1 d	15.742 11	0.822 048	7.362 547	0.713 625	0.467 698	0.868 107	4.060 115	Ⅰ级，轻等低温灾害
1 ℃ 2 d	15.742 11	0.822 048	3.365 287	0.452 871	0.213 776	0.550 906	1.177 705	Ⅱ级，中等
1 ℃ 3 d	15.742 11	0.822 048	-0.657 330	0.295 733	-0.041 760	0.359 751	-0.150 220	Ⅳ级，特重
1 ℃ 4 d	15.742 11	0.822 048	-0.363 510	0.283 263	-0.023 090	0.344 583	-0.079 570	Ⅳ级，特重
2 ℃ 1 d	15.742 11	0.822 048	8.968 754	0.769 688	0.569 730	0.936 305	5.334 411	Ⅰ级，轻等低温灾害
2 ℃ 2 d	15.742 11	0.822 048	3.362 588	0.425 879	0.213 605	0.518 071	1.106 624	Ⅱ级，中等
2 ℃ 3 d	15.742 11	0.822 048	-0.456 380	0.356 383	-0.028 990	0.433 530	-0.125 690	Ⅳ级，特重
2 ℃ 4 d	15.742 11	0.822 048	-0.369 880	0.369 878	-0.023 500	0.449 946	-0.105 720	Ⅳ级，特重

表 3.8　苗期番茄动态低温胁迫指数

项目	$P_{g\max}$	F_v/F_m	$P_{g\max}'$	F_v/F_m'	$P_{g\max}'/P_{g\max}$	$(F_v/F_m')/(F_v/F_m)$	LTI	灾害等级
-1 ℃ 1 d	16.563 88	0.802 236	7.019 479	0.602 359	0.423 782	0.750 850	3.181 970	Ⅱ级，中等
-1 ℃ 2 d	16.563 88	0.802 236	3.635 472	0.563 547	0.219 482	0.702 470	1.541 796	Ⅱ级，中等

续表

项目	P_{gmax}	F_v/F_m	P_{gmax}'	F_v/F_m'	P_{gmax}'/P_{gmax}	$(F_v/F_m')/(F_v/F_m)$	LTI	灾害等级
−1 ℃ 3 d	16.563 88	0.802 236	−1.063 550	0.232 535	−0.064 210	0.289 858	−0.186 110	IV级，特重

项目	P_{gmax}	F_v/F_m	P_{gmax}'	F_v/F_m'	P_{gmax}'/P_{gmax}	$(F_v/F_m')/(F_v/F_m)$	LTI	灾害等级
−1 ℃ 4 d	16.563 88	0.802 236	−0.816 430	0.258 557	−0.049 290	0.322 296	−0.158 860	IV级，特重
0 ℃ 1 d	16.563 88	0.802 236	8.065 884	0.693 270	0.486 956	0.864 172	4.208 139	I级，轻等低温灾害
0 ℃ 2 d	16.563 88	0.802 236	2.458 811	0.401 530	0.148 444	0.500 513	0.742 983	III级，重度
0 ℃ 3 d	16.563 88	0.802 236	0.963 257	0.325 745	0.058 154	0.406 046	0.236 133	III级，重度
0 ℃ 4 d	16.563 88	0.802 236	1.230 655	0.336 544	0.074 297	0.419 508	0.311 684	III级，重度
1 ℃ 1 d	16.563 88	0.802 236	8.362 547	0.703 625	0.504 866	0.877 080	4.428 083	I级，轻等低温灾害
1 ℃ 2 d	16.563 88	0.802 236	2.936 587	0.629 345	0.177 289	0.784 489	1.390 809	II级，中等
1 ℃ 3 d	16.563 88	0.802 236	1.469 352	0.569 479	0.088 708	0.709 864	0.629 708	II级，中等
1 ℃ 4 d	16.563 88	0.802 236	2.386 359	0.314 479	0.144 070	0.392 002	0.564 758	II级，中等
2 ℃ 1 d	16.563 88	0.802 236	9.968 754	0.725 438	0.601 837	0.904 270	5.442 231	I级，轻等低温灾害
2 ℃ 2 d	16.563 88	0.802 236	6.698 547	0.698 547	0.404 407	0.870 750	3.521 373	II级，中等
2 ℃ 3 d	16.563 88	0.802 236	2.368 479	0.436 844	0.142 991	0.544 533	0.778 631	III级，重度
2 ℃ 4 d	16.563 88	0.802 236	2.736 955	0.379 944	0.165 236	0.473 607	0.782 570	III级，重度

表3.9　苗期茄子动态低温胁迫指数

项目	P_{gmax}	F_v/F_m	P_{gmax}'	F_v/F_m'	P_{gmax}'/P_{gmax}	$(F_v/F_m')/(F_v/F_m)$	LTI	灾害等级
−1 ℃ 1 d	20.569 33	0.811 242	10.701 950	0.470 194	0.520 287	0.579 598	3.015 574	II级，中等
−1 ℃ 2 d	20.569 33	0.811 242	4.652 385	0.324 724	0.226 181	0.400 280	0.905 356	III级，重度
−1 ℃ 3 d	20.569 33	0.811 242	−2.203 620	0.201 476	−0.107 130	0.248 355	−0.266 070	IV级，特重
−1 ℃ 4 d	20.569 33	0.811 242	−1.923 650	0.192 226	−0.093 520	0.236 952	−0.221 600	IV级，特重
0 ℃ 1 d	20.569 33	0.811 242	11.365 290	0.528 741	0.552 536	0.651 767	3.601 248	II级，中等
0 ℃ 2 d	20.569 33	0.811 242	4.665 445	0.366 545	0.226 816	0.451 831	1.024 824	II级，中等
0 ℃ 3 d	20.569 33	0.811 242	−1.712 370	0.162 479	−0.083 250	0.200 284	−0.166 730	IV级，特重
0 ℃ 4 d	20.569 33	0.811 242	−1.092 36	0.149 236	−0.053 110	0.183 960	−0.097 690	IV级，特重
1 ℃ 1 d	20.569 33	0.811 242	12.362 55	0.576 255	0.601 019	0.710 337	4.269 255	I级，轻等低温灾害
1 ℃ 2 d	20.569 33	0.811 242	6.368 547	0.436 855	0.309 614	0.538 501	1.667 274	II级，中等

续表

项目	P_{gmax}	F_v/F_m	P_{gmax}'	F_v/F_m'	P_{gmax}'/P_{gmax}	$(F_v/F_m')/(F_v/F_m)$	LTI	灾害等级
1 ℃ 3 d	20.569 33	0.811 242	−1.630 22	0.236 375	−0.079 250	0.291 374	−0.230 930	Ⅳ级，特重
1 ℃ 4 d	20.569 33	0.811 242	−1.503 69	0.195 079	−0.073 100	0.240 469	−0.175 790	Ⅳ级，特重
2 ℃ 1 d	20.569 33	0.811 242	13.362 59	0.625 874	0.649 637	0.771 501	5.011 956	Ⅰ级，轻等低温灾害
2 ℃ 2 d	20.569 33	0.811 242	7.036 524	0.415 794	0.342 088	0.512 541	1.753 341	Ⅱ级，中等
2 ℃ 3 d	20.569 33	0.811 242	−0.362 54	0.262 556	−0.017 630	0.323 647	−0.057 040	Ⅳ级，特重
2 ℃ 4 d	20.569 33	0.811 242	−0.456 33	0.250 016	−0.022 180	0.308 189	−0.068 370	Ⅳ级，特重

（2）花期的低温胁迫指数

按照苗期低温胁迫指数的计算方法，进一步计算花期4种设施作物的动态低温胁迫指数如表3.10~表3.13所示。由表可以看出，黄瓜、甜椒、番茄、茄子花期胁迫指数与苗期的变化情况相似，胁迫程度越重、胁迫时间越长，灾害等级越高。但达到特重度灾害时4种设施作物最低温度临界点与花期不完全相同。其中黄瓜、甜椒、番茄、茄子达到特重度灾害时最低临界温度分别为最低−1 ℃胁迫、最低1 ℃胁迫、最低−1 ℃胁迫和最低1 ℃胁迫。

表3.10　花期黄瓜动态低温胁迫指数

项目	P_{gmax}	F_v/F_m	P_{gmax}'	F_v/F_m'	P_{gmax}'/P_{gmax}	$(F_v/F_m')/(F_v/F_m)$	LTI	灾害等级
−1 ℃ 1 d	18.362 55	0.836 574	8.654 723	0.532 487	0.471 325	0.636 509	3.000 024	Ⅰ级，中等
−1 ℃ 2 d	18.362 55	0.836 574	6.236 855	0.426 982	0.339 651	0.510 394	1.733 558	Ⅰ级，中等
−1 ℃ 3 d	18.362 55	0.836 574	−1.253 620	0.245 625	−0.068 270	0.293 608	−0.200 450	Ⅳ级，特重
−1 ℃ 4 d	18.362 55	0.836 574	−1.136 250	0.263 825	−0.061 880	0.315 363	−0.195 140	Ⅳ级，特重
0 ℃ 1 d	18.362 55	0.836 574	12.639 880	0.603 659	0.688 351	0.721 584	4.967 032	Ⅰ级，轻等低温灾害
0 ℃ 2 d	18.362 55	0.836 574	6.358 425	0.469 386	0.346 271	0.561 081	1.942 863	Ⅰ级，轻等低温灾害
0 ℃ 3 d	18.362 55	0.836 574	1.029 655	0.352 477	0.056 074	0.421 334	0.236 257	Ⅲ级，重
0 ℃ 4 d	18.362 55	0.836 574	1.265 632	0.336 255	0.068 925	0.401 942	0.277 037	Ⅲ级，重
1 ℃ 1 d	18.362 55	0.836 574	13.362 550	0.652 366	0.727 707	0.779 806	5.674 703	Ⅰ级，轻等低温灾害
1 ℃ 2 d	18.362 55	0.836 574	9.230 546	0.543 624	0.502 683	0.649 822	3.266 546	Ⅱ级，中等
1 ℃ 3 d	18.362 55	0.836 574	2.362 548	0.425 678	0.128 661	0.508 835	0.654 674	Ⅲ级，重
1 ℃ 4 d	18.362 55	0.836 574	2.954 629	0.360 096	0.160 905	0.430 441	0.692 601	Ⅲ级，重

续表

项目	$P_{g\max}$	F_v/F_m	$P_{g\max}'$	F_v/F_m'	$P_{g\max}'/P_{g\max}$	$(F_v/F_m')/(F_v/F_m)$	LTI	灾害等级
2 ℃ 1 d	18.362 55	0.836 574	14.639 880	0.679 549	0.797 268	0.812 299	6.476 205	Ⅰ级，轻等低温灾害
2 ℃ 2 d	18.362 55	0.836 574	7.236 846	0.587 833	0.394 109	0.702 666	2.769 272	Ⅱ级，中等
2 ℃ 3 d	18.362 55	0.836 574	3.565 325	0.445 264	0.194 163	0.532 247	1.033 425	Ⅰ级，轻等低温灾害
2 ℃ 4 d	18.362 55	0.836 574	5.625 653	0.398 588	0.306 366	0.476 453	1.459 687	Ⅱ级，中等

表3.11　花期甜椒动态低温胁迫指数

项目	$P_{g\max}$	F_v/F_m	$P_{g\max}'$	F_v/F_m'	$P_{g\max}'/P_{g\max}$	$(F_v/F_m')/(F_v/F_m)$	LTI	灾害等级
-1 ℃ 1 d	13.236 55	0.825 633	7.132 655	0.536 255	0.538 861	0.649 507	3.499 940	Ⅱ级，中等
-1 ℃ 2 d	13.236 55	0.825 633	2.230 215	0.332 365	0.168 489	0.402 558	0.678 267	Ⅲ级，重
-1 ℃ 3 d	13.236 55	0.825 633	-1.036 580	0.233 265	-0.078 310	0.282 529	-0.221 260	Ⅳ级，特重
-1 ℃ 4 d	13.236 55	0.825 633	-0.823 600	0.201 348	-0.062 220	0.243 870	-0.151 740	Ⅳ级，特重
0 ℃ 1 d	13.236 55	0.825 633	8.236 520	0.542 555	0.622 256	0.657 138	4.089 079	Ⅰ级，轻等低温灾害
0 ℃ 2 d	13.236 55	0.825 633	3.263 542	0.394 216	0.246 555	0.477 471	1.177 230	Ⅱ级，中等
0 ℃ 3 d	13.236 55	0.825 633	-0.782 030	0.267 579	-0.059 080	0.324 089	-0.191 480	Ⅳ级，特重
0 ℃ 4 d	13.236 55	0.825 633	-0.363 620	0.232 416	-0.027 470	0.281 500	-0.077 330	Ⅳ级，特重
1 ℃ 1 d	13.236 55	0.825 633	9.236 245	0.582 362	0.697 784	0.705 353	4.921 835	Ⅰ级，轻等低温灾害
1 ℃ 2 d	13.236 55	0.825 633	4.203 250	0.420 525	0.317 549	0.509 336	1.617 392	Ⅱ级，中等
1 ℃ 3 d	13.236 55	0.825 633	-0.903 700	0.269 225	-0.068 270	0.326 083	-0.222 630	Ⅳ级，特重
1 ℃ 4 d	13.236 55	0.825 633	-0.623 600	0.234 519	-0.047 110	0.284 047	-0.133 820	Ⅳ级，特重
2 ℃ 1 d	13.236 55	0.825 633	9.530 261	0.605 548	0.719 996	0.733 435	5.280 700	Ⅰ级，轻等低温灾害
2 ℃ 2 d	13.236 55	0.825 633	6.230 125	0.423 442	0.470 676	0.512 869	2.413 952	Ⅲ级，中等
2 ℃ 3 d	13.236 55	0.825 633	1.456 383	0.301 599	0.110 027	0.365 294	0.401 923	Ⅳ级，重
2 ℃ 4 d	13.236 55	0.825 633	1.323 621	0.323 621	0.099 997	0.391 967	0.391 957	Ⅳ级，重

表3.12　花期番茄动态低温胁迫指数

项目	$P_{g\max}$	F_v/F_m	$P_{g\max}'$	F_v/F_m'	$P_{g\max}'/P_{g\max}$	$(F_v/F_m')/(F_v/F_m)$	LTI	灾害等级
-1 ℃ 1 d	14.362 55	0.823 146	6.362 549	0.563 622	0.442 996	0.684 717	3.033 269	Ⅱ级，中等

续表

项目	P_{gmax}	F_v/F_m	P_{gmax}'	F_v/F_m'	P_{gmax}'/P_{gmax}	$(F_v/F_m')/(F_v/F_m)$	LTI	灾害等级
−1 ℃ 2 d	14.362 55	0.823 146	2.365 215	0.365 214	0.164 679	0.443 681	0.730 651	Ⅲ级，重度
−1 ℃ 3 d	14.362 55	0.823 146	−0.702 040	0.270 203	−0.048 880	0.328 257	−0.160 450	Ⅳ级，特重
−1 ℃ 4 d	14.362 55	0.823 146	−0.362 550	0.262 242	−0.025 240	0.318 585	−0.080 420	Ⅳ级，特重
0 ℃ 1 d	14.362 55	0.823 146	7.254 785	0.693 270	0.505 118	0.842 220	4.254 208	Ⅰ级，轻等低温灾害
0 ℃ 2 d	14.362 55	0.823 146	3.326 515	0.401 530	0.231 610	0.487 799	1.129 794	Ⅱ级，中等
0 ℃ 3 d	14.362 55	0.823 146	1.854 713	0.325 745	0.129 135	0.395 732	0.511 030	Ⅲ级，重度
0 ℃ 4 d	14.362 55	0.823 146	1.630 255	0.336 544	0.113 507	0.408 851	0.464 076	Ⅲ级，重度
1 ℃ 1 d	14.362 55	0.823 146	8.254 818	0.625 249	0.574 746	0.759 584	4.365 680	Ⅰ级，轻等低温灾害
1 ℃ 2 d	14.362 55	0.823 146	3.936 587	0.469 366	0.274 087	0.570 210	1.562 871	Ⅱ级，中等
1 ℃ 3 d	14.362 55	0.823 146	4.063 525	0.395 299	0.282 925	0.480 229	1.358 689	Ⅱ级，中等
1 ℃ 4 d	14.362 55	0.823 146	5.203 651	0.370 654	0.362 307	0.450 290	1.631 431	Ⅱ级，中等
2 ℃ 1 d	14.362 55	0.823 146	8.752 985	0.624 573	0.609 431	0.758 764	4.624 141	Ⅰ级，轻等低温灾害
2 ℃ 2 d	14.362 55	0.823 146	5.623 518	0.442 355	0.391 540	0.537 395	2.104 120	Ⅱ级，中等
2 ℃ 3 d	14.362 55	0.823 146	3.625 482	0.406 257	0.252 426	0.493 542	1.245 829	Ⅱ级，中等
2 ℃ 4 d	14.362 55	0.823 146	4.723 555	0.391 248	0.328 880	0.475 308	1.563 192	Ⅱ级，中等

表3.13　花期茄子动态低温胁迫指数

项目	P_{gmax}	F_v/F_m	P_{gmax}'	F_v/F_m'	P_{gmax}'/P_{gmax}	$(F_v/F_m')/(F_v/F_m)$	LTI	灾害等级
−1 ℃ 1 d	22.125 47	0.800 237	9.236 556	0.594 311	0.417 463	0.742 668	3.100 362	Ⅱ级，中等
−1 ℃ 2 d	22.125 47	0.800 237	3.236 855	0.322 370	0.146 295	0.402 843	0.589 340	Ⅲ级，重
−1 ℃ 3 d	22.125 47	0.800 237	−1.395 250	0.232 635	−0.063 060	0.290 708	−0.183 320	Ⅳ级，特重
−1 ℃ 4 d	22.125 47	0.800 237	−1.092 650	0.222 264	−0.049 380	0.277 748	−0.137 160	Ⅳ级，特重
0 ℃ 1 d	22.125 47	0.800 237	14.289 660	0.608 901	0.645 847	0.760 901	4.914 254	Ⅰ级，轻等低温灾害
0 ℃ 2 d	22.125 47	0.800 237	6.623 658	0.423 416	0.299 368	0.529 113	1.583 995	Ⅱ级，中等
0 ℃ 3 d	22.125 47	0.800 237	−0.852 360	0.265 236	−0.038 520	0.331 447	−0.127 690	Ⅳ级，特重
0 ℃ 4 d	22.125 47	0.800 237	−0.692 370	0.246 924	−0.031 290	0.308 564	−0.096 560	Ⅳ级，特重
1 ℃ 1 d	22.125 47	0.800 237	12.326 550	0.630 475	0.557 120	0.787 861	4.389 332	Ⅰ级，轻等低温灾害

续表

项目	$P_{g\max}$	F_v/F_m	$P_{g\max}'$	F_v/F_m'	$P_{g\max}'/P_{g\max}$	$(F_v/F_m')/(F_v/F_m)$	LTI	灾害等级
1 ℃ 2 d	22.125 47	0.800 237	5.362 846	0.452 687	0.242 383	0.565 692	1.371 143	Ⅱ级，中等
1 ℃ 3 d	22.125 47	0.800 237	−0.635 850	0.274 206	−0.028 740	0.342 656	−0.098 470	Ⅳ级，特重
1 ℃ 4 d	22.125 47	0.800 237	−0.326 550	0.252 227	−0.014 760	0.315 190	−0.046 520	Ⅳ级，特重
2 ℃ 1 d	22.125 47	0.800 237	13.365 480	0.642 547	0.604 077	0.802 946	4.850 411	Ⅰ级，轻等低温灾害
2 ℃ 2 d	22.125 47	0.800 237	7.036 524	0.547 265	0.318 028	0.683 879	2.174 929	Ⅱ级，中等
2 ℃ 3 d	22.125 47	0.800 237	1.362 542	0.462 315	0.061 583	0.577 722	0.355 776	Ⅲ级，重
2 ℃ 4 d	22.125 47	0.800 237	2.236 846	0.330 043	0.101 098	0.412 431	0.416 961	Ⅲ级，重

3.1.4.2　寡照胁迫试验

完成4种设施作物（番茄、黄瓜、辣椒、茄子）连阴寡照人工环境控制试验，确定设施作物连阴寡照胁迫指数，建立设施作物连阴寡照灾害指标。

根据寡照胁迫对番茄、黄瓜、甜椒、茄子最大光合速率、荧光参数的影响，利用寡照胁迫指数计算出4种设施作物不同程度寡照胁迫时的LTI。研究结果表明，随着寡照胁迫时间的延长，4种作物的LTI逐渐降低，寡照胁迫等级逐渐增加，其中番茄、黄瓜、甜椒经过9 d寡照后，其胁迫指数下降到0.4以下，达到重度灾害。而茄子经过寡照9 d后，其胁迫指数下降到0.14，达到极重度灾害，详见表3.14。

表3.14　甜椒、茄子、番茄、黄瓜寡照胁迫指数

	甜椒					茄子				
寡照处理	$P_{g\max}$	F_v/F_m	$P_{g\max}'/P_{g\max}$	$(F_v/F_m')/(F_v/F_m)$	GTI	$P_{g\max}$	F_v/F_m	$P_{g\max}'/P_{g\max}$	$(F_v/F_m')/(F_v/F_m)$	GTI
寡照 3d	12.42	0.67	0.80	0.80	6.46	11.46	0.59	0.57	0.71	4.08
寡照 5d	7.97	0.48	0.52	0.57	2.94	7.72	0.46	0.39	0.56	2.17
寡照 7d	3.47	0.31	0.22	0.37	0.82	4.11	0.25	0.21	0.31	0.64
寡照 9d	2.26	0.27	0.15	0.32	0.47	1.15	0.20	0.06	0.25	0.14
CK	15.44	0.84				19.95	0.82			
	番茄					黄瓜				
寡照处理	$P_{g\max}$	F_v/F_m	$P_{g\max}'/P_{g\max}$	$(F_v/F_m')/(F_v/F_m)$	GTI	$P_{g\max}$	F_v/F_m	$P_{g\max}'/P_{g\max}$	$(F_v/F_m')/(F_v/F_m)$	GTI
寡照 3d	12.26	0.63	0.74	0.75	5.54	9.15	0.56	0.70	0.67	4.69
寡照 5d	7.97	0.48	0.48	0.58	2.78	5.74	0.43	0.44	0.52	2.26

续表

寡照处理	番茄					黄瓜				
	P_{gmax}	F_v/F_m	P'_{gmax}/P_{gmax}	$(F_v/F_m')/(F_v/F_m)$	GTI	P_{gmax}	F_v/F_m	P'_{gmax}/P_{gmax}	$(F_v/F_m')/(F_v/F_m)$	GTI
寡照7d	3.65	0.25	0.22	0.30	0.65	2.24	0.22	0.17	0.27	0.46
寡照9d	2.37	0.20	0.14	0.24	0.34	1.72	0.21	0.13	0.26	0.34
CK	16.51	0.84				13.13	0.83			

3.1.4.3 电导率测试

完成4种设施作物的低温冻害的人工控制试验，研究低温冻害对设施作物叶片电导率（图3.4）的影响，计算出不同作物低温处理的相对电导率和伤害率，确定4种设施作物的冻害指标。

（1）不同温度处理下4种蔬菜苗期叶片相对电导率的变化

图3.5表示不同低温胁迫12 h的4个品种相对电导率变化，由图3.5可知，随

图3.4 电导率测试

着处理温度的降低，4种蔬菜叶片的相对电导率都有所增加，温度对叶片相对电导率的影响比较显著。黄瓜、番茄、甜椒、茄子在0 ℃时电导率突然增加到50%以上，叶片细胞膜均受到严重损伤，电解质大量外渗，蔬菜可能受到严重冻害，达到临界半致死条件。

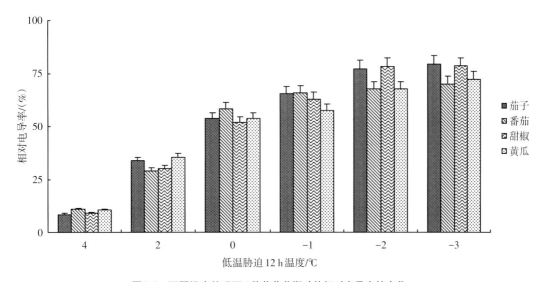

图3.5 不同温度处理下4种蔬菜苗期叶片相对电导率的变化

（2）不同温度处理下4种蔬菜开花坐果期叶片相对电导率的变化

开花坐果期4种蔬菜叶片相对电导率随处理温度的变化曲线（图3.6）与苗期相似，随处理温度降低，叶片伤害率逐渐增大。其中黄瓜、番茄在0 ℃达到50%以上，与开花结果期的临界半致死甜椒相一致。而甜椒、茄子在−1 ℃电导率达到 50%以上。

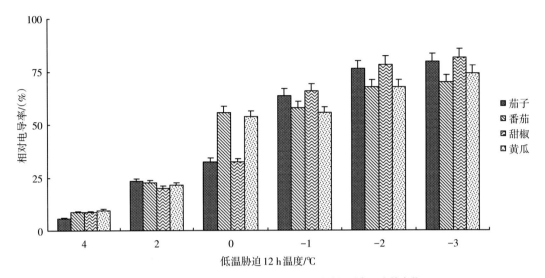

图3.6 不同温度处理下4种蔬菜开花坐果期叶片相对电导率的变化

3.2 大风掀棚、暴雪垮棚试验

根据风、雪气象灾害区域性特点，在黑龙江省实施暴雪垮棚试验，在辽宁西部实施大风掀棚试验，获取试验数据。此外，统计历史上东北地区发生的暴雪垮棚、大风掀棚实例，提取当时的致灾气象信息；跟踪调查项目研究期间实时发生的暴雪垮棚、大风掀棚事件。根据这些试验和历史资料分析，结合已有相关研究成果，建立和完善东北地区不同类型温室（棚）的大风掀棚和暴雪垮棚致灾指标体系。

3.2.1 大风掀棚试验

3.2.1.1 大风掀棚试验设计

（1）时间地点选择

时间为春季4—5月和秋季9—10月。地点选择辽宁省喀左县2~3个新型日光温室（钢架结构）大棚。尽量选择能够造成损害的地区，以达到试验目的。

（2）试验仪器

手提式风速风向仪、米尺、照相机、梯子等。

（3）放风口开启大小

针对实际情况，春季一般只开上放风口，因此选择上放风口开启大小进行大风破坏力测试，放风口开启为20 cm、40 cm、60 cm、80 cm和100 cm。

（4）风速测点选择

放风口出口前部3个点，放风口温室内部3个点（位置在放风口温室内部2 m处），温室前部2 m高处和3 m高处各3个点，总计12个测点，具体见图3.7、图3.8。

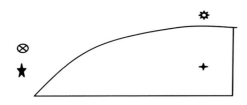

✿为温室放风口前部测点；✚为温室内部2 m测点；★为温室前部2 m测点；⊗为温室前部3 m测点

图3.7　温室侧面

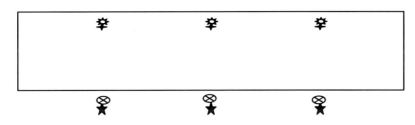

✿为温室放风口前部测点；✚为温室内部2 m测点；★为温室前部2 m测点；⊗为温室前部3 m测点

图3.8　温室上面俯视图

（5）试验前准备

租用当地农户的没有作物的大棚，收听当地天气预报，当预报未来24 h有大风天气时，准备试验用具，去当地大棚待命。

（6）测量方法

当风速达到6级（10 m/s）以上时开始测量。分别在温室上放风口开启20 cm、40 cm、60 cm、80 cm和100 cm时测量12个测点的风速和风向。放风口前部在10 cm处测量，温室内部在2 m处测量，防风口前和内部测点需同时测量，温室前部在距离温室底部边线上方2 m和3 m处测量，观测时测点号固定。

（7）观测项目

每10 min观测1次风速和风向，棚内作物，作物所处发育期，被损毁面积，占总面积比例及大棚受灾情况、受害程度及损失情况。

3.2.1.2　大风掀棚试验过程

通过对12次大风的系统观测，找出风损棚膜的指标：风速16.5 m/s时，可刮坏棚膜；风速25.1 m/s时，可刮坏大棚棉被。辽宁省喀左县为保险部门赔付提供了科学依据（由8级大风赔付变为7级大风赔付）。

2012年4月至2014年共进行11次大风掀棚试验，初步得出：当极大风速在16.5 m/s时，可刮坏棚膜；极大风速19.6 m/s时，可出现大风掀棚现象；极大风速25.1 m/s时，可刮坏大棚棉被。

（1）2012年测风情况

对2012年喀左县风灾进行统计，当极大风速达15.0 m/s，最大风速在9.5 m/s以上，在棚膜压线不紧的情况下，出现棚膜被风刮破现象。具体见表3.15。

表3.15　2012年喀左县冷暖棚风灾统计					
乡镇	时间	棚型	受灾程度	极大风速/（m·s⁻¹）	最大风速/（m·s⁻¹）
南公营子镇四道营子村	3月25日	暖棚70 m×6.5 m×3.2 m	棚膜撕破	15.0	9.5
	3月27日	暖棚70 m×7 m×3.5 m	棚膜撕破	17.2	10.1
	4月10日	暖棚70 m×8 m×4 m	棚膜撕破	17.6	12.1/10.8
白塔子镇大西山村	3月15日	冷棚	棚膜刮碎	18.2	12.2
	2月19日	冷棚	棚膜刮碎	23.3	
	3月23日	冷棚	棚膜刮碎	26.1	15.1
	3月24日	冷棚	棚膜刮碎	23.0	17.1
	3月29日	冷棚	棚膜刮碎	25.2	17.7
	3月30日	冷棚	棚膜刮碎	19.8	14.1
	3月31日	冷棚	棚膜刮碎	18.2	12.6
	3月10日	冷棚	棚膜刮碎	19.3	12.2

（2）2013年测风情况

①2013年2月28日大风观测情况

受东北地区冷涡和低空西南急流的共同影响，2月28日至3月1日，喀左县出现大风天气。2月28日14时起，县气象局8人前往恒胜农业园区（1 000亩）测风。16—17时出现大风掀棚、棚膜被风刮破现象。13—18时出现大棚棉被被风刮乱、棚膜部分破碎现象。水泉乡农业园区29号棚（棚长100 m，宽8m，高4.5 m，钢骨结构）于16时左右棚膜被风掀开。大风持续时间为13—18时，此期间最大风速在10.2～12.8 m/s（平均11.1 m/s），极大风速在16.0～21.1 m/s（平均18.5 m/s）；大风掀棚时间在16—17时，此期间最大风速10.9～12.8 m/s，极大风速分别为19.4 m/s、19.8 m/s和21.1 m/s。

②2013年3月1日测风情况

受东北冷涡和低空西南急流的共同影响，3月1日大风天气继续。6时30分至16时40分，县气象局技术人员再次到恒胜农业园区进行测风。测得6时30分至7时瞬时风速为10.6 m/s，极大风速为18.1 m/s，最大风速为9.4 m/s。大棚棉被被风刮起。7时30分至8时瞬时风速为13.4 m/s，极大风速为16.6 m/s，最大风速为10.2 m/s。大棚棉被被风刮开刮落。7时50分瞬时风速为14.6 m/s，极大风速为19.0 m/s，最大风速为10.2 m/s。棚膜被刮破。9时至9时30分瞬时风速为10.2 m/s，极大风速为16.2～17.3 m/s，最大风速为9.6 m/s。9时38分2 min平均风速为7.6 m/s，瞬时风速为12.6 m/s，极大风速为17.3 m/s。棉被被风刮落。14时10分至15时2 min平均风速最大为7.0 m/s，极大风速为15.9 m/s，瞬时风速为6.3 m/s。对棚膜和棚被影响不大。16时瞬时风速最大为8.5 m/s，极大风速为14.0 m/s，最大风速为7.5 m/s；16时30分瞬时风速为7.9 m/s，极大风速为12.5 m/s，最大风速为6.9 m/s。均没出现风灾。

3月1日8时40分至9时，平房子镇马家窝铺村3组大棚区出现风灾。大风将9栋大棚（钢骨结构，长120 m，宽7 m，高4.5 m）棉被刮落，棚膜局部被刮坏，有2栋棚膜被大风掀开。当时极大风速为23.8 m/s，最大风速为10.0 m/s，9时50分至10时，极大风速为18.9 m/s，最大风速为10.0 m/s。

③2013年3月9日测风情况

500 hPa欧亚大陆中高纬度呈两槽一脊型，贝加尔湖有极地冷空气沿脊前南下，受槽底部偏西气流影响，3月9日13—16时，恒胜农业园区出现大风天气，12时30分，县气象局技术人员测风开始。

13—14时瞬时风速为15.5、13.2、13.8、14.1、16.1、17.1、16.9、12.9 m/s；极大风速分别为21.0、16.2、16.3、17.5、19.8、21.1 m/s；最大风速分别为9.1、9.3、9.5、11.1 m/s。棉被被风鼓起、刮乱、刮掉、撕坏，未出现大风掀棚现象。

14时30—50分，瞬时风速为12.4、12.0、11.0、11.9、12.2、13.0、11.3、12.0、14.6 m/s，极大风速为18.2 m/s；最大风速为14.1 m/s。棉被被风吹起，棚膜被鼓起。

14时50分至16时，瞬时风速最大为11.9、12.7、10.1 m/s；极大风速为15.1、16.1、17.3 m/s；最大风速为10.2 m/s。棉被被风吹起，棚膜鼓起，但均未成灾。

④2013年3月11日测风情况

500 hPa欧亚大陆中高纬度呈两槽一脊型，受槽后西北气流控制，3月11日喀左县出现大风天气。9时至16时30分县气象局技术人员第4次到恒胜农业园区进行测风，6人分两组，测风仪器分别在棚顶（距离地面5 m和7 m）同时测瞬时风速，测得风速如下：

9时20分瞬时风速最大8.4 m/s，影响不大。10时05分瞬时风速最大9.0 m/s，影响不大。10时20分瞬时风速最大9.8 m/s，棉被被风鼓起。11时05分瞬时风速最大9.4 m/s，棚膜被风鼓起。11时30分瞬时风速最大8.4 m/s，影响不大。12时55分瞬时风速最大8.8 m/s，影响不大。13时25分瞬时风速最大9.2 m/s，影响不大。13时30分瞬时风速最大9.4 m/s，棉被被风稍微鼓起。13时50分瞬时风速最大10.2 m/s，棚膜被风鼓起，棉被也鼓起。14时50分瞬时风速最大10.9 m/s，棚膜被风鼓起，棉被也鼓起。14时55分瞬时风速最大9.8 m/s，棚膜被风鼓起，棉被也鼓起。15时10分瞬时风速最大8.5 m/s，影响不大。15时40分瞬时风速最大9.4 m/s，棚膜被风鼓起。

此期间最大风速7.4 m/s。棚被在瞬时风速大于9.4 m/s时稍微鼓起，在瞬时风速9.8 m/s以上时，棚膜被风鼓起。没有出现其他灾害现象。测得5 m处比7 m处风速大0.2～2.0 m/s，平均1.1 m/s。

⑤2013年3月21日测风情况

500 hPa欧亚大陆中高纬度为多槽脊活动，受西北气流影响，3月21日喀左县出现大风天气。县气象测风人员分2组分别在棚下（距离地面2 m）和棚顶（距离地面5 m）同时测风。测得当天棚顶处最大风速为10.3 m/s，地面最大风速为8.8 m/s，没有出现大风掀棚现象。当风速大于9.4 m/s时，出现棉被被风鼓起现象。此期间测得棚上风速平均大于棚下1.2 m/s。

⑥2013年3月26日测风情况

500 hPa欧亚大陆中高纬度呈两槽一脊型，受贝加尔湖高压脊前西北气流影响，3月26日喀左县出现大风天气。13—16时县气象测风人员6人在恒胜农业园区分2组分别于棚下和棚顶同时测风。当天棚顶最大风速12.1 m/s，地面处最大风速9.8 m/s，出现棉被被风鼓起现象，没有出现风灾。此期间测得棚顶的风速平均大于地面风速2.1 m/s。

⑦2013年4月25日测风情况

500 hPa欧亚大陆中高纬度呈两槽一脊型，受高脊影响和短波槽共同影响，喀左县出现大风天气。4月25日10—16时，在恒胜农业园区测风棚下和棚顶同时测风速，测得当天棚顶处最大风速11.6 m/s，棚下最大风速为11.6 m/s，没有出现大风掀棚现象。此期间测得5 m高处的风速平均大于2 m高处风速1.1 m/s。

4月25日16时10分至17时，公营子乡出现大风掀棚现象。从加密站数据分析当时最大风速11.9 m/s，极大风速18.6 m/s，瞬时风速最大10.3 m/s。

4月25日13时30分至16时，在小河湾出现大风天气。当时区域自动站9时10分至11时10分最大风速为12.6 m/s，极大风速为18.3 m/s，瞬时风速为13.3 m/s时，棚膜被风鼓起，棚膜压线被风刮断。

14时20分至16时，最大风速为11.1 m/s，极大风速为18.3 m/s，瞬时风速为11.1 m/s时，棚膜被风鼓起，棚膜压线被风刮断。

⑧4月29日测风情况

500 hPa欧亚大陆中高纬度呈两槽一脊型，受偏西气流控制，4月29日喀左县出现大风天气。9—16时，在恒胜农业园区气象测风人员分2组分别在棚下和棚上同时测风速，当天观测到棚膜多处被大风刮破、撕坏，棉被被风刮掉。测得当天棚顶处最大风速为17.4 m/s，棚下最大风速为15.5 m/s，没有出现大风掀棚现象。此期间测得棚顶风速平均大于地面风速1.9 m/s。

⑨2014年4月4日测风情况

2014年4月4日恒胜园区测风情况：当时测得恒胜园区棚上瞬时风速最大为12.7 m/s，棚下瞬时风速最大为7.1 m/s，棚膜被风鼓起。结合棚外区域加密站风速，当天极大风速为17.7 m/s，风向NW，最大风速为8.0 m/s，出现个别棚膜被风刮开小口现象。

⑩2014年5月3日测风情况

3日下午开始出现大风，气象局7人去恒胜园区测风。当时人工测得棚上最大风速为

12.4 m/s，瞬时风速平均为8.8 m/s，棚下瞬时风速最大为9.1 m/s，棚膜被风鼓起。结合棚外区域加密站风速，当天极大风速为18.2 m/s，最大风速为9.8 m/s，风向NNW，出现个别棚膜被风刮开现象。

⑪2014年5月4日测风情况

4日11时后出现大风天气，气象局4人去恒胜园区测风。当时人工测得棚上最大风速为14.0 m/s，棚下瞬时风速最大为10.7 m/s，风向NNW。膜被风鼓起，没有出现掀棚现象。

喀左县2014年除人工测风外，还统计了出现风灾区域加密站风速（表3.16）。统计分析当极大风速平均为19.6 m/s时，会出现大风掀棚现象。

地点	时间	极大风速/(m·s⁻¹)	最大风速/(m·s⁻¹)	风向	现象
大城子	1月29日	18.7	—	SW	个别棚膜被风掀开
南哨	1月29日	19.6	—	—	个别棚膜被风掀开
尤杖子	3月17日	14.8	—		尘卷风，个别棚膜掀开
大城子	3月19日	15.2	11.3		尘卷风，个别棚膜掀开
工业园区	3月19日	14.4	7.3		无大风掀棚现象
公营子	3月19日	14.8	7.1		无大风掀棚现象
南哨	4月3日	19.4	11.8	NNW	个别棚膜被风掀开
白塔子	4月3日	20.2	14	—	个别棚膜被风掀开
中三家	4月3日	17.9	12.1	N	个别棚膜被风掀开
甘招	4月3日	19.2	9.3	NNE	个别棚膜被风掀开
东哨	4月21日	19.4	6.1	NW	个别棚膜被风掀开
甘招	4月22日	20.2	5.9	SSE	个别棚膜被风掀开
中三家	4月23日	27.2	10	NNW	个别棚膜被风掀开
大城子	4月27日	15.2	8.9	NE	尘卷风，个别棚膜掀开
卧虎沟	4月27日	16.7	6.3	NE	尘卷风，个别棚膜掀开
大城子	4月28日	15.1	6.4	NNE	尘卷风，个别棚膜掀开
工业园区	5月3日	18.2	9.8	NNW	个别棚膜被风掀开
公营子	5月3日	17.5	14.2	WNW	个别棚膜被风掀开
甘招	5月3日	19.0	12.4	W	个别棚膜被风掀开
南哨	5月3日	20.7	17.1	W	个别棚膜被风掀开

表3.16 2014年日光温室风灾区域加密站风速统计

续表

地点	时间	极大风速/ (m·s⁻¹)	最大风速/ (m·s⁻¹)	风向	现象
官大海	5月3日	19.1	9.6	NNW	个别棚膜被风掀开
中三家	5月3日	24.7	11.8	NW	个别棚膜被风掀开
平房子	5月3日	19.1	10.1	N	个别棚膜被风掀开
大城子镇	5月4日	17.6	10.9	NNW	个别棚膜被风掀开
尤杖子	5月4日	16.0	10.7	NNW	个别棚膜被风掀开
官大海	5月4日	18.7	10.1	NNW	个别棚膜被风掀开

⑫2015年3月9日测风情况

喀左县气象局3人在恒胜园区测风，风速小，无明显结果。

⑬尘卷风造成大风掀棚概率高

从喀左县设施农业出现风灾统计，尘卷风对设施农业损害很大。2013年4月13日平房子村5组任艳福大棚区出现尘卷风，将6栋大棚草帘全部刮落，部分棚膜刮碎，损失较重。2013年3月21日，4月6日、14日、19日、23日，2014年4月24日、28日，水泉乡、坤都营子乡、平房子镇、尤杖子乡、大城子镇出现尘卷风，大风将棚膜全棚掀起、刮碎。尘卷风出现无规律、不定时，无法及时测得风速。

从测风数据并结合当地区域自动站风的数据分析，喀左县测得大风掀棚风灾的风速分级标准见表3.17。

表 3.17　喀左县测得大风掀棚风灾的风速分级标准　　　　　　　　　　　　m/s			
等级	瞬时风速	最大风速	极大风速
棚膜被风鼓起	10.8 ~ 14.8	9.4 ~ 10.0	16.8 ~ 18.9
棚膜被风撕开	11.8 ~ 13.9	9.7 ~ 10.0	18.5 ~ 21.1
棉被被风鼓起	10.0	9.8	10.2
棚膜被风掀开	11.8 ~ 16.7	10.2 ~ 11.7	19.3 ~ 23.8
棉被撕破刮掉	11.8 ~ 13.9	10.9 ~ 12.8	19.0 ~ 19.8

从测风数据分析可知，出现大风掀棚时除了风速达到一定的数值外，并且风的持续时间在20 min以上时，才有可能出现大风掀棚现象（图3.9）。

图3.9 大风掀棚试验

3.2.1.3 试验结论

从几次测风过程看，大风天气日光温室出现风灾有各种原因，主要原因分析：①突然出现大风时，大棚放风口没及时关闭，导致棚膜被掀开。②当出现大风天气时，棚膜压线没压紧或夜间棉被没压严压实，出现棚膜被吹开，棉被被风刮掉、刮乱情况。③棚膜局部出现小漏洞、磨薄时，遇到大风天气容易被吹撕。④棚架不牢固，支撑能力差，大风天气时出现棚体被吹倒倾斜，甚至垮塌。

2012年4月至2014年，喀左县共进行11次大风掀棚试验和致灾风力监测，结果表明，极大风速在16.5 m/s以上可使棚膜破损；极大风速在19.6 m/s以上可致棚膜掀翻；极大风速在25.1 m/s以上可导致温室棉被破损。对2012年喀左县的几次风灾进行统计，当极大风速的最大值达15.0 m/s、最大风速在9.5 m/s以上，在棚膜压线不紧的情况下，可出现棚膜被风刮破现象。

2014年除人工测风外，还统计出现风灾区域的加密站风速，当极大风速平均为19.6 m/s时，会出现棚膜掀翻事件（表3.18）。

综合分析认为，日光温室出现风灾的主要原因，一是突然出现大风时，大棚放风口没提前关闭，导致棚膜被掀开。二是当出现大风天气时，棚膜压线没压紧或夜间棉被没压严压实，出现棚膜被吹开，棉被被风刮掉、刮乱情况。三是棚膜局部出现小漏洞、磨薄时，遇到大风天气容易被吹撕。四是棚架不牢固，支撑能力差，大风天气时出现棚体被吹倒倾斜或垮塌。

					表3.18 2014年日光温室风灾区域加密站风速统计

地点	时间	极大风速/ $(m \cdot s^{-1})$	最大风速 $(m \cdot s^{-1})$	风向	现象
大城子	1月29日	18.7	—	SW	个别棚膜被风掀开
南哨	1月29日	19.6	—		个别棚膜被风掀开
尤杖子	3月17日	14.8	—		出现尘卷，个别棚膜掀开
大城子	3月19日	15.2	11.3	—	出现尘卷，个别棚膜掀开
工业园区	3月19日	14.4	7.3	—	无大风掀棚现象
公营子	3月19日	14.8	7.1	—	无大风掀棚现象
南哨	4月3日	19.4	11.8	NNW	个别棚膜被风掀开
白塔子	4月3日	20.2	14	—	个别棚膜被风掀开
中三家	4月3日	17.9	12.1	N	个别棚膜被风掀开
甘招	4月3日	19.2	9.3	NNE	个别棚膜被风掀开
东哨	4月21日	19.4	6.1	NW	个别棚膜被风掀开
甘招	4月22日	20.2	5.9	SSE	个别棚膜被风掀开
中三家	4月23日	27.2	10	NNW	个别棚膜被风掀开
大城子	4月27日	15.2	8.9	NE	出现尘卷，个别棚膜掀开
卧虎沟	4月27日	16.7	6.3	NE	出现尘卷，个别棚膜掀开
大城子	4月28日	15.1	6.4	NNE	出现尘卷，个别棚膜掀开
工业园区	5月3日	18.2	9.8	NNW	个别棚膜被风掀开
公营子	5月3日	17.5	14.2	WNW	个别棚膜被风掀开
甘招	5月3日	19.0	12.4	W	个别棚膜被风掀开
南哨	5月3日	20.7	17.1	W	个别棚膜被风掀开
官大海	5月3日	19.1	9.6	NNW	个别棚膜被风掀开
中三家	5月3日	24.7	11.8	NW	个别棚膜被风掀开
平房子	5月3日	19.1	10.1	N	个别棚膜被风掀开
大城子镇	5月4日	17.6	10.9	NNW	个别棚膜被风掀开
尤杖子	5月4日	16.0	10.7	NNW	个别棚膜被风掀开
官大海	5月4日	18.7	10.1	NNW	个别棚膜被风掀开

3.2.2 暴雪垮棚试验

2012—2013年，在黑龙江省双城市温室进行了4次暴雪垮棚试验。结果表明，暴雪对钢架结构新式（钢骨架、建成时间短、温室的倾斜角度较大）温室和大棚影响不大；对倾斜角度较小的木架老式温室和大棚的影响较大，易出现棚架塌陷、棚膜破损，甚至大棚整体倒塌现象。棚上积雪深度达到16 cm，棚膜开始下沉；棚上积雪深度达到23 cm，棚上的裂口逐渐加大；棚上积雪深度达到33 cm，裂口达到5 cm；棚上积雪深度达到35 cm，裂口达到12 cm，温室大棚的钢筋支架没有变化。棚架塌陷的主要原因是：棚下积雪过深，有的达到1~2 m，使大棚两侧受力较大，致使棚架向两侧拉伸，加之棚上积雪作用，导致棚架垮塌。

综合试验数据得出结论：过程降雪量在29 mm以上，积雪深度达29 cm以上，如果棚上清雪不及时或棚室不稳固，大棚易受灾。

3.2.2.1 暴雪垮棚试验方案设计

（1）时间、地点选择

时间为冬季12月至翌年3月。地点在黑龙江省双城市的一栋新型日光温室。尽量选择降雪量较大、容易造成损害的地区，以达到试验目的。

（2）试验仪器

直尺、电子秤、手提式风速风向仪、照相机等。

（3）积雪和风速测点选择

①积雪分布测点选择

温室前部地面选7个点，温室上放风口附近（在温室的上部棚膜上），左右方向分成4等份，取中间及分区线上部位，共选择7个测点，总计14个测点。

②风速测点选择

在温室前部对应底边缘线上方2 m高度处和5 m高度处各取3个点（平均分布），总计6个测点。

具体见图3.10、图3.11。

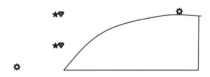

✿为地面和棚面积雪测量点；♥为温室前部3 m高度处风速测量点；★为温室前部5 m高度处风速测量点

图3.10　温室侧面

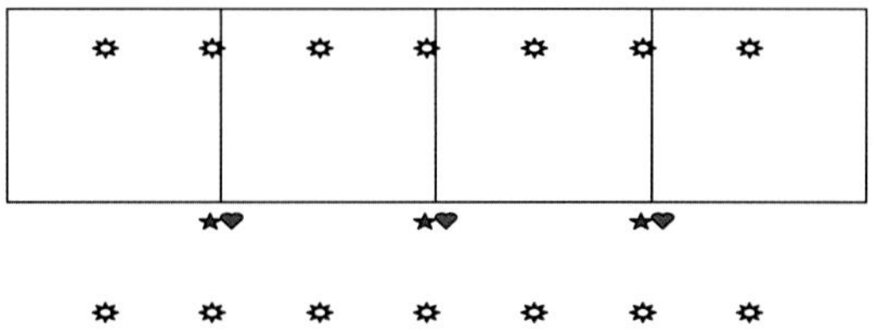

✿为地面和棚面积雪测量点；♥为温室前部3 m高度处风速测量点；★为温室前部5 m高度处风速测量点

图3.11　温室上面俯视图

（4）试验前准备

租用当地农户的没有作物的大棚，收听当地天气预报，当预报未来24 h有暴雪天气时，准备试验用具，去当地大棚待命。

（5）试验测量方法

当地面积雪达到10 cm以上时开始试验测量。

雪深测量方法：用直尺测量地面上和棚面上14个测点的积雪深度，观测时测点号固定。

积雪密度测量方法：分别在雪深为10 cm、20 cm和30 cm时，取地面1 cm³的积雪用天平称重，计算得积雪密度（单位：g/cm³或kg/m³），3次重复。

风速测量方法：在距离温室前部底边线上方2 m处和5 m处测量，总计6个测点，观测时测点号固定（有条件的可以同时测量，没有条件的按顺序测量）。

受损程度测量方法：当大棚棚膜开始受损或钢筋支架开始弯曲时测量此时雪深、风向、风速等气象数据，记录大棚棚膜受损或钢架弯曲的时间。如果出现棚膜和钢架继续破损和弯曲的现象，可间隔10 min测量损毁程度，测量记录雪深、风速和风向。

（6）观测项目

积雪深度、积雪密度、风速和风向、大棚受损情况、受损程度及损失情况，棚内作物及所处发育期。

（7）观测间隔

当棚膜没有破损和钢架没有出现弯曲时，半小时观测1次；当出现棚膜开始受损及钢架弯曲时，10 min观测1次。

3.2.2.2　暴雪垮棚试验过程

2012—2013年，在黑龙江省开展了多次暴雪跨棚试验，如图3.12所示。

图3.12　暴雪垮棚试验

（1）2012年3月28—29日降雪

2012年3月28日，黑龙江省气象台发布大风、雨雪和强降温预报：受较强冷空气影响，预计29—30日黑龙江省将出现明显的大风、大范围雨雪和强降温天气。

预报后，在预报降雪量较大的地区选择鹤岗市、双城市作为实施试验点，没有采取任何防护措施。

①鹤岗市：29日08时至30日08时降雪量为9.6 mm，29日20时之前是雨夹雪，之后转为雪，当地大棚在没有防护措施的情况下，没有受害。

②双城市：降雪量太小，29日08时至30日08时降雪量不到1 mm。

（2）2012年11月11—14日暴雪

2012年11月11—14日受强冷空气影响，黑龙江省出现一次全省性雨雪天气过程，此次降水南部以雨或雨夹雪为主，北部以雪为主，中东部雪量较大。11日08时至14日08时大部县市降水量在10 mm以上，哈尔滨大部、三江平原西部及庆安、绥化、肇州、绥芬河市降水量为25～64 mm。积雪深度北部多在10～18 cm，南部多在0～13 cm，最大的鹤岗市为53 cm。此次降水过程范围大、持续时间长，温室大棚上积雪量最大达到45 cm，致使360栋温室大棚受损（表3.19），其中25栋倒塌，受害的蔬菜主要为蒲公英。

表3.19　大棚垮塌记录

受灾情况	受害程度	地下平均积雪量/cm	最大积雪深度/cm	棚上平均积雪量/cm
360栋受损，25栋倒塌	倒塌大棚内蔬菜作物100%受害	50	80	45
降水量/mm	最大风速/(m·s⁻¹)	对应风向	10 min最大风速/(m·s⁻¹)	对应风向
64.5	12.9	偏东风	6.9	偏东风

注：降雪开始时间为2012年11月11日17时10分，降雪结束时间为2012年11月14日14时30分。

（3）2013年2月28日至3月1日降雪

根据暴雪垮棚计划内设计的要求，试验在哈尔滨双城市选择一栋大棚（表3.20）进行，观测记录如表3.21~表3.24所示。

表3.20　暴雪垮棚试验点基本信息

地点	经度/°E	纬度/°N	海拔高度/m	相对气象站方位、距离
双城市幸福乡	126.23	45.26	162	东北
大棚类型	长/m	宽/m	高/m	实用面积/m²
温室	87	6.5	2.8	580
后墙厚度，材料	左右墙厚度，材料	塑料薄膜厂家	前屋面角/(°)	棚上覆盖物
37 cm，砖	61 cm，砖	12道（0.012 mm）	60	棉被

注：大棚中栽种的作物为苦苣、生菜。

要素	2月28日 14时	2月28日 17时	2月28日 20时	3月1日 02时	3月1日 08时	3月1日 11时	3月1日 14时	3月1日 15时
平均气温/℃	-2.9	-4.2	-7.2	-13.5	-14.8	-9.9	-6.7	-7.1
最高气温/℃	-2.8	-3.2	-5.4	-12.8	-14.8	-8.1	-6.6	-6.6
最低气温/℃	-3.2	-4.3	-7.2	-13.5	-18.7	-10.1	-7.3	-7.1
10 min 风速/ （m·s⁻¹）	6.3	4.3	4.1	2.0	1.5	4.7	4.9	6.3
降水量累加/mm	0	2.5	4.0	4.5	5.0	5.3	5.3	5.3

表3.21　双城市2月28日至3月1日气象要素

①2月28日降雪开始前，试验人员将两个雨量筒安放在了大棚外1.5 m的地方，试验的温室上面棉被保持掀开状态。

②3月1日9时以后降雪逐渐减小，此时过程降雪量累积至5 mm，试验开始。

③积雪测量：温室前部地面3个点，温室中部3个点，共6个测点。

项目	1	2	3	4	5	6	棚膜开始破损	棚膜开始破损10mm
积雪深度	4	5	5	4	2	1.7	23	35

表3.22　雪深记录
测量起始时间：9时23分至10时18分　　　　　　　　　　　　　　　　　　　　cm

④风速测量：在温室前部对应底边缘线上方2 m高度处取3个点，共3个测点。

测点	9时23分风速	9时23分风向	9时40分风速	9时40分风向	10时18分风速	10时18分风向
1	2.0	西北	2.9	西北	2.3	西北
2	3.0	西北	3.2	西北	3.2	西北
3	4.0	西北	4.5	西北	3.9	西北

表3.23　风速记录
测量起始时间：9时23分至10时18分　　　　　　　　　　　　　　　　　　　　m/s

⑤积雪密度测量：雪深为5 cm时，在温室上面选择2个点，分别利用2个量杯取定量的雪。

a. 量杯直径4 cm，高20 cm，取满杯积雪，拿入屋中将其融化，融化后的水量为3.2 cm。积雪密度 $\rho = m/v$，m 为质量，v 为体积，水的密度为 g/cm³，积雪密度为其体积比，积雪密度值为0.16 g/cm³。

b. 量杯容量为200 mL，取满杯积雪，拿入屋中将其融化，融化后的水量为40 mL。

积雪密度为0.2 g/cm³。

⑥降雪量测量：将安放在温室外的雨量筒拿到室内，取100 mL水倒入雨量筒中，使筒中的雪全部融化，测量融化后的水的体积，之后减去倒入的水的体积，便是此次降水量。雨量筒的降水量为5 mm。

⑦人工补雪的选择：实验开始前选择没有人为破坏的积雪，积雪深度为35 cm，长和宽分别为4 m、2 m。

⑧试验过程说明：9时30分左右，温室上积雪深度达4 cm，利用人工模仿降雪，往温室上面扬雪，尽量使雪覆盖均匀。9时38分，棚上积雪深度达到16 cm；至9时43分，棚上积雪深度达到20 cm；10时02分，积雪深度达到23 cm，棚上方出现2 cm左右裂口，开始漏雪；至10时07分，积雪全部从温室上滑下来。

由于温室大棚的棚膜比较滑，积雪在棚上积不住，在滑下来的积雪上面铺上草帘，增大摩擦力，至10时13分，棚上积雪深度达到14 cm；10时14分，棚上积雪深度达到16 cm，棚膜开始下沉；10时17分，棚上积雪深度仍为16 cm；10时18分，棚上积雪深度达到23 cm，棚上的裂口逐渐加大；10时25分，棚上积雪深度达到33 cm，裂口达到5 cm；10时27分，棚上积雪深度达到35 cm，裂口达到12 cm。此时温室大棚的钢筋支架没有变化。

表3.24 大棚受损时观测记录						
时间		地上平均积雪量/cm	棚上平均积雪量/cm	风向	风速/(m·s⁻¹)	受损程度
棚膜开始破裂	10时02分	5	23	西北	—	裂口2 cm左右，开始漏雪
裂口达到5 cm	10时25分	5	33	西北	—	裂口达到5 cm
裂口达到12 cm	10时27分	5	35	西北	—	裂口达到12 cm

（4）2013年11月16—21日降雪

2013年11月16日08时—21日08时，黑龙江省大部出现暴雪、局部大暴雪天气。有55个县（市）降水量在10 mm以上。三江平原中部、哈尔滨大部、牡丹江部分地区、乌伊岭以及绥化市积雪深度在30~64 cm，其他地区为0~30 cm。与上年同期相比，中东大部偏多，1~55 cm；其他地区偏少或持平。

本次降雪部分地区可达大雪量级，局部地区达到暴雪量级，降雪同时气温较高，导致积雪黏度较大，温室、大棚棚顶积雪不易滑落，且夜间持续降雪导致人工清理不及时，造成膜破、顶塌甚至整体倾倒，使内部种植作物遭受雪压和冻害。

通过此次降雪过程得出经验：①降雪对钢架结构且新式（建成并投入时间短，温室的倾斜角度较大）的温室大棚影响不大；对木架结构（老式温室大棚，建成并投入时间长，温室的倾斜角度较小，且薄膜老化）的影响较大，出现棚架塌陷、棚膜破损，甚至大棚整体倒塌现象。②从此次降水过程及大棚垮塌的情况来看，棚架塌陷的主要原因是：棚下积雪过深，有的甚至达到1~2 m，使大棚两侧受力较大，致使棚架向两侧拉伸，加之棚上积雪作用，导致棚架垮塌。③温室大棚受灾严重地区降水量在29~66 mm，积雪深度在29~64 cm。因此可以得出，过程降雪量在29 mm以上，积雪深度达29 cm以上，如果棚上清雪不及时，或棚室不稳固，大棚易受灾。

4

气象灾害指标的建立

收集整理已有的农业气象灾害指标，例如黄瓜在8℃时停止生长，3℃开始受冻害；番茄寡照1~2 d轻度胁迫，寡照5~7 d重度胁迫等作为基础指标。再通过人工气候箱判定设施作物致灾的临界气象指标和不同低温冻害及连阴寡照灾害等级的气象指标，通过设施栽培试验对低温冻害、连阴寡照指标进行检验订正。利用棚内作物生长发育气象条件观测结果，对灾害指标进行验证和修订。并参考历史灾情实况，通过以上3个步骤建立东北地区春秋季、冬季设施农业作物遭受低温冻害、连阴寡照的气象灾害判别指标体系。

根据收集的东北地区暴雪垮棚、大风掀棚的历史资料和灾情信息，确定不同类型大棚遭受暴雪、大风灾害而损坏的降雪和大风的最小降雪量和风速。结合暴雪垮棚、大风掀棚的抗灾能力试验数据，参考历史灾情实况，确定灾害发生的临界气象条件，建立东北地区的暴雪垮棚、大风掀棚气象灾害判别指标体系。

4.1　研究方法

4.1.1　低温胁迫指数

当蔬菜受到低温胁迫时，叶片光系统受到抑制，光合速率及光化学效率降低，因此可以用其表征低温胁迫的程度。得出低温胁迫指数的计算公式：

$$LTI = \frac{P'_{max}}{P_{max}} \frac{(F_v/F_m)'}{F_v/F_m}$$

式中，LTI为低温胁迫指数；P_{max}和P'_{max}分别表示最适温度及低温状态下的最大光合速率；F_v/F_m和$(F_v/F_m)'$分别表示最适温度及低温状态下的PSⅡ最大光化学效率。

4.1.2　日温差指数

在没有生理生化监测数据的时候，构建以下公式用以计算温室蔬菜低温胁迫的程度，称为日温差指数。

$$I_g = \begin{cases} (T_c - T_{min})/(T_{max} - T_{min}) & T_c > T_{min} \\ 0 & T_c < T_{min} \end{cases}$$

$$I = \sum_{i=1}^{3} I_g$$

式中，I 为连续 3 d I_g 的和；I_g 为日温差指数；T_c 为蔬菜作物生理下限温度；T_{min} 为温室内日最低气温；T_{max} 为温室内日最高气温。

4.1.3 寡照胁迫指数

当蔬菜受到寡照胁迫时，叶片光系统受到抑制，光合速率及光化学效率降低，因此用其表征寡照胁迫的程度。寡照胁迫指数的计算公式为：

$$SLI = \frac{P'_{max}}{P_{max}} \frac{(F_v/F_m)'}{F_v/F_m}$$

式中，SLI 为低温胁迫指数；P_{max} 和 P'_{max} 分别表示最适光照及弱光昭状态下的最大光合速率；F_v/F_m 和（F_v/F_m）′ 分别表示最适光照及弱光状态下的 PSⅡ 最大光化学效率。

4.1.4 温室风压计算方法

4.1.4.1 风速极值的计算方法

计算不同重现期的最大风速采用极值 I 型分布函数：

$$F(x) = \exp[-\exp(-a \cdot x - \mu)]$$

$$X_R = \mu - \frac{1}{a}\ln\left[\ln\left(\frac{R}{R-1}\right)\right]$$

式中，$F(x)$ 为概率分布函数；a 为分布的尺度参数；μ 为分布的位置参数；x 为 10 min 平均最大风速；当给定重现期为 R 时，X_R 表示 R 年一遇的最大风速；参数 a、μ 的估计采用耿贝尔法。

4.1.4.2 基本风压的计算方法

根据流体力学理论，基本风压由贝努力方程确定：

$$w_0 = \frac{1}{2}\rho v_0$$

式中，w_0 为基本风压；ρ 为空气密度；v_0 为 30 年一遇的 10 min 平均最大风速极值。

4.1.4.3 温室风压的计算方法

根据《温室结构设计荷载》国家标准（GB/T18622—2002）温室风压计算公式：

$$w_k = \mu_s \mu_z \beta_z w_0$$

式中，w_k 为温室风压值；β_z 为高度 z 处的风振系数，温室高度低于 30 m，因此取 1.0；μ_s 为风载体型系数；μ_z 为风压高度变化系数；w_0 为基本风压。

4.1.5 温室雪压计算方法

4.1.5.1 雪深极值的计算方法

雪深极值的计算方法同风速极值的计算方法。

4.1.5.2　基本雪压的计算方法

屋面水平面上雪荷载标准值按下式计算：

$$S_0 = h\rho g$$

式中，S_0 为基本雪压；ρ 为积雪密度，新雪密度为 0.1 g/cm³；h 为 30 年一遇的最大积雪深度；g 为重力加速度。

4.1.5.3　温室雪压的计算方法

根据《温室结构设计荷载》国家标准（GB/T18622—2002）温室雪压计算公式：

$$S_k = \mu_r S_0$$

式中，S_k 为温室雪压值；μ_r 为屋面积雪分布系数；S_0 为基本风压。

4.1.6　灾害等级划分标准

根据农业部大棚蔬菜低温冻害调查分级标准（试用），1级冻害可能减产10%以下，2级冻害可能减产10%~30%，3级冻害可能减产30%~80%，4级冻害可能减产80%以上。试验将大棚冻害划分为以上4个等级，针对实际情况加以修正，故采用如下标准确定指标（表4.1）。

表 4.1　灾害等级划分标准

等级	形态指标	减产率
无	幼苗形态无明显损害，叶片绿色轻微变浅	<10%
轻	幼苗顶端颜色变成褐色，叶片皱缩	10%~30%
中	幼苗叶片变成墨绿色，严重皱缩，叶柄轻微下垂	30%~50%
重	幼苗颜色变成黑褐色，整株成水渍状，整株倒伏	>50%

4.2　低温冻害指标确定

利用人工气候箱试验研究动态低温胁迫对蔬菜的光合速率、叶绿素荧光参数等生理特性的影响，计算了番茄、黄瓜、甜椒、茄子的苗期和花果期低温胁迫指数，以此确定4种作物冻害等级及低温指标。根据试验结果，参考并完善已有的相关研究成果，建立东北地区4种作物低温冻害指标体系。

4.2.1　动态低温胁迫对苗期蔬菜光合特性的影响

图4.1给出了4种蔬菜苗期低温胁迫对其光合速率的影响。由图4.1可见，在连续4 d的处理过程中，4种蔬菜光合速率都是呈先下降后上升的状态，在第一天5 ℃的处理下，光合速率就降到了对照的一半左右，在5 ℃以下，甜椒和茄子最低温度达到2 ℃，黄瓜最低温度达到0 ℃，番茄最低温度达到−1 ℃遭受了严重的冻害，光合速率不能恢复。

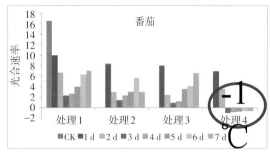
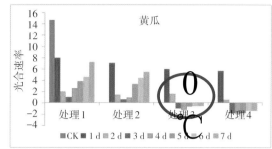
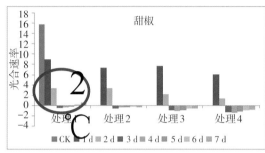
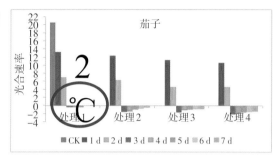

图4.1　低温冻害对苗期蔬菜光合速率的影响

图4.2给出了4种蔬菜苗期低温胁迫对其最大光化学效率F_v/F_m的影响。由图4.2可见，在连续4 d的处理过程中，4种蔬菜最大光化学效率都是呈先下降后上升的状态，F_v/F_m低于0.25，发生了冻害。由此可见，在5 ℃持续低温2 d后，最低气温−1 ℃、0 ℃、1 ℃和2 ℃分别是番茄、黄瓜、甜椒和茄子受到伤害的临界指标。

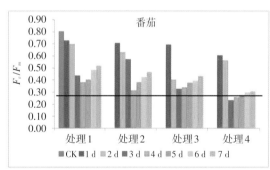
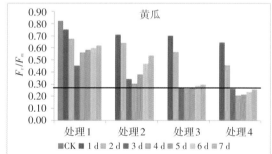
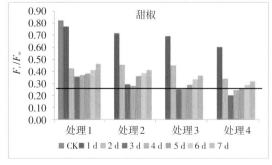
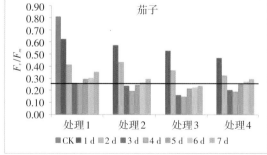

图4.2　低温冻害对苗期蔬菜光化学效率的影响

4.2.2 动态低温胁迫对花果期蔬菜光合特性的影响

图4.3 给出了4种蔬菜花果期低温胁迫对其光合速率的影响。由图4.3可见，在连续4 d的处理过程中，4种蔬菜光合速率都是呈先下降后上升的状态，在第一天5 ℃的处理下，光合速率就降到了对照的40%左右。在5 ℃以下，甜椒和茄子最低温度达到1 ℃，黄瓜、番茄最低温度达到-1 ℃，遭受了严重的冻害，光合速率不能恢复。

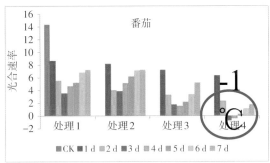
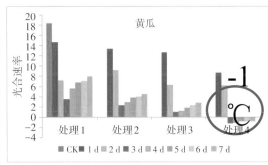
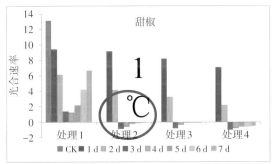
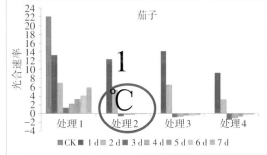

图4.3 低温冻害对花果期蔬菜光合速率的影响

图4.4给出了4种蔬菜花果期低温胁迫对其最大光化学效率F_v/F_m的影响，由图可见，在连续4 d的处理过程中，4种蔬菜最大光化学效率都是呈先下降后上升的状态，F_v/F_m低于0.25，发生了冻害。由此可见，在5 ℃持续低温2 d后，最低气温-1 ℃、-1 ℃、1 ℃和1 ℃分别是番茄、黄瓜、甜椒和茄子受到伤害的临界指标。

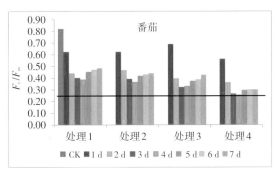
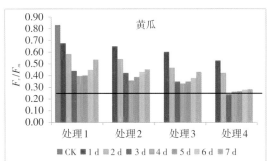

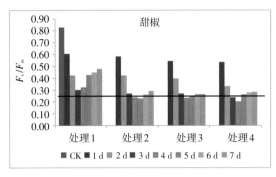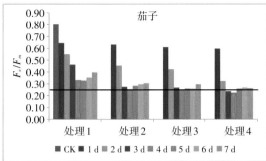

图4.4 低温冻害对花果期蔬菜光化学效率的影响

4.2.3 低温冻害指标确定

利用试验数据计算了番茄、黄瓜、甜椒和茄子苗期和花果期低温胁迫指数，详见表4.2。

<table>
<tr><td colspan="10">表4.2 4种蔬菜苗期和花果期低温胁迫指数</td></tr>
<tr><td rowspan="2">处理
序号</td><td rowspan="2">时间/d</td><td colspan="4">苗期</td><td colspan="4">花果期</td></tr>
<tr><td>黄瓜</td><td>甜椒</td><td>番茄</td><td>茄子</td><td>黄瓜</td><td>甜椒</td><td>番茄</td><td>茄子</td></tr>
<tr><td rowspan="5">1</td><td>1</td><td>0.50</td><td>0.53</td><td>0.54</td><td>0.50</td><td>0.65</td><td>0.53</td><td>0.46</td><td>0.49</td></tr>
<tr><td>2</td><td>0.11</td><td>0.11</td><td>0.35</td><td>0.18</td><td>0.28</td><td>0.24</td><td>0.21</td><td>0.22</td></tr>
<tr><td>3</td><td>0.04</td><td>−0.01</td><td>0.08</td><td>−0.01</td><td>0.10</td><td>0.04</td><td>0.12</td><td>0.04</td></tr>
<tr><td>4</td><td>0.12</td><td>−0.01</td><td>0.08</td><td>−0.01</td><td>0.15</td><td>0.04</td><td>0.16</td><td>0.04</td></tr>
<tr><td>平均</td><td>0.19</td><td>0.16</td><td>0.26</td><td>0.17</td><td>0.29</td><td>0.21</td><td>0.24</td><td>0.19</td></tr>
<tr><td rowspan="5">2</td><td>1</td><td>0.41</td><td>0.41</td><td>0.44</td><td>0.43</td><td>0.57</td><td>0.49</td><td>0.44</td><td>0.44</td></tr>
<tr><td>2</td><td>0.08</td><td>0.12</td><td>0.14</td><td>0.17</td><td>0.33</td><td>0.16</td><td>0.16</td><td>0.14</td></tr>
<tr><td>3</td><td>0.02</td><td>−0.02</td><td>0.06</td><td>−0.02</td><td>0.07</td><td>−0.02</td><td>0.13</td><td>−0.01</td></tr>
<tr><td>4</td><td>0.02</td><td>−0.01</td><td>0.06</td><td>−0.02</td><td>0.07</td><td>−0.01</td><td>0.16</td><td>0.00</td></tr>
<tr><td>平均</td><td>0.13</td><td>0.13</td><td>0.18</td><td>0.14</td><td>0.26</td><td>0.15</td><td>0.22</td><td>0.14</td></tr>
<tr><td rowspan="5">3</td><td>1</td><td>0.35</td><td>0.41</td><td>0.42</td><td>0.36</td><td>0.50</td><td>0.41</td><td>0.43</td><td>0.49</td></tr>
<tr><td>2</td><td>0.08</td><td>0.08</td><td>0.07</td><td>0.10</td><td>0.19</td><td>0.12</td><td>0.11</td><td>0.16</td></tr>
<tr><td>3</td><td>−0.02</td><td>−0.02</td><td>0.02</td><td>−0.02</td><td>0.02</td><td>−0.02</td><td>0.05</td><td>−0.01</td></tr>
<tr><td>4</td><td>−0.03</td><td>−0.02</td><td>0.03</td><td>−0.01</td><td>0.03</td><td>−0.01</td><td>0.05</td><td>−0.01</td></tr>
<tr><td>平均</td><td>0.09</td><td>0.11</td><td>0.14</td><td>0.11</td><td>0.19</td><td>0.12</td><td>0.16</td><td>0.16</td></tr>
</table>

续表

处理序号	时间/d	苗期				花果期			
		黄瓜	甜椒	番茄	茄子	黄瓜	甜椒	番茄	茄子
4	1	0.30	0.28	0.32	0.30	0.30	0.35	0.30	0.31
	2	0.02	0.04	0.15	0.09	0.17	0.07	0.07	0.06
	3	−0.04	−0.02	−0.02	−0.03	−0.02	−0.02	−0.02	−0.02
	4	−0.03	−0.03	−0.02	−0.02	−0.02	−0.02	−0.01	−0.01
	平均	0.06	0.07	0.11	0.09	0.11	0.10	0.09	0.08

由表4.2可见，4种作物在连续4 d的动态低温弱光高湿环境下，连续3 d 5 ℃以下的低温处理，光合速率和最大光化学效率显著下降，其后的3 d恢复缓慢，光系统受到伤害。以适宜条件为基础，根据作物光合系统受低温胁迫影响程度，确定寡照指标为：0.5~1无灾，0.25~0.5轻度，0.1~0.25中度，<0.1重度。

综合考虑试验及前人研究成果，将蔬菜受低温胁迫影响分为无、轻、中、重4个等级，确定低温冻害指标体系（表4.3）。

等级	要素	苗期				花果期			
		番茄	黄瓜	甜椒	茄子	番茄	黄瓜	甜椒	茄子
无	最低气温/℃	>5	>8	>10	>10	>8	>10	>12	>12
轻度	最低气温/℃	3~5	5~8	6~10	6~10	5~8	8~10	8~12	8~12
中度	最低气温/℃	0~3	1~5	3~6	3~6	0~3	1~5	3~8	3~8
	≤5 ℃持续时间/h	20~30				20~30			
重度	最低气温/℃	<0	<1	<3	<3	<0	<0	<2	<2
	≤5 ℃持续时间/h	>30				>30			

表4.3　苗期和花果期温室内低温冻害指标

4.2.4　果实膨大期实际低温冻害气象条件分析

2012年12月沈阳市和喀左县日光温室出现了持续低温时段。由图4.5可知，日光温室内温度随着日照的变化而变化，当外界有日照时温室内最高温度急剧上升，最低气温由于在凌晨之前出现，所以变化幅度不大；当外界无日照时温室内温度急剧下降，其中存在没有日照而温室外温度上升的情况，是由于雨雪天气伴随升温过程导致，12月温室内大部时间最低温度小于5 ℃，最高气温大部时间在15 ℃以上。

沈阳市受12月2—3日降水影响，温室外面用于覆盖的棉被被雨水打湿，保温性能变差。从12月6日开始，日光温室内连续出现凌晨气温低于5℃现象，整个12月最低气温都在3~6℃。13—14日降雪，没掀帘，温室内无光照，15日阴天。≤5℃最长持续时间出现在13日夜到14日凌晨，持续11 h；≤4℃时间持续6 h。14—15日≤5℃持续8.5 h；≤4℃持续3.5 h。具体持续时间见图4.5a。温室内平均空气相对湿度持续>95%，最高相对湿度达到100%，只在中午放风时达到最小值，但也在76%以上。温室内种植的番茄处于果实膨大期，生长缓慢，灰霉病和晚疫病大发生。受13—14日无日照和15日日照<3 h的影响，温室内最高气温降到7.7℃，叶片皱缩、落果，发生中度低温冻害，产量损失达到20%~30%，直到2013年1月15日冻害缓解。

喀左县从12月6日开始日光温室内连续出现凌晨气温低于5℃现象，这期间最低气温都在2~5℃。14—16日连续阴天，这期间到其后连续出现≤5℃持续10 h以上的情况，最长持续时间出现在14日白天到15日上午，持续18 h。≤4℃也持续4 h，其后连续4 d≤5℃持续10 h以上。具体持续时间见图4.5b，温室内平均湿度持续大于90%，只在中午放风时达到最小值，为40%~80%。温室内种植的番茄处于果实膨大期，生长缓慢，晚疫病大发生。受14—16日连续日照<3 h的影响，最高气温降到6.5℃，番茄果实停止膨大成熟，于1月中旬气温回升后表现为果实大量脱落、叶片变黄，发生中到重度低温冻害，产量损失达到50%以上。

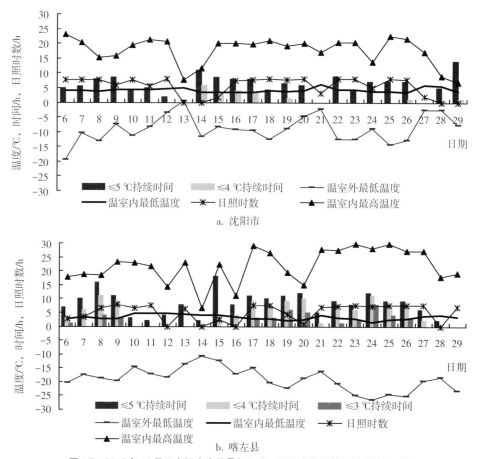

图4.5 2012年12月日光温室内外最低温度、日照变化及某一温度持续时间

4.2.5 果实膨大期低温冻害指标确定

采用构造的日温差指数公式计算12月逐日日温差指数及连续3 d累积日温差指数。沈阳市和喀左县14日后连续出现3 d日温差指数和>0.21的情况。此期间正好发生低温冻害，分析发现，在发生低温冻害前温室内连续多日出现<5 ℃低温时段，持续时间<10 h，其后低温阴雨雪天气持续3 d（其中2 d无日照，1 d日照时数<3 h），空气相对湿度在90%以上，最高气温降到10 ℃以下。因此，为便于实际应用，以最高、最低气温及连续3 d≤5 ℃持续时间确定日光温室内番茄果实膨大期低温冻害指标（表4.4）。

表4.4　日温差寒害指数											
喀左县						沈阳市					
日期	Ig	3 d Ig 和	日期	Ig	3 d Ig 和	日期	Ig	3 d Ig 和	日期	Ig	3 d Ig 和
5	0	—	19	0.16	0.36	4	0.03	—	18	0.04	0.23
6	0.16	—	20	0.21	0.48	5	0	—	19	0.08	0.21
7	0.10	0.26	21	0.05	0.42	6	0.05	—	20	0.06	0.18
8	0.21	0.46	22	0.09	0.35	7	0.06	0.12	21	0	0.13
9	0.11	0.41	23	0.09	0.22	8	0.10	0.22	22	0.04	0.09
10	0.01	0.32	24	0.15	0.32	9	0.05	0.21	23	0.04	0.08
11	0.03	0.14	25	0.10	0.33	10	0.19	0.19	24	0.10	0.18
12	0.05	0.09	26	0.10	0.34	11	0.03	0.12	25	0.05	0.20
13	0.05	0.13	27	0.05	0.25	12	0.01	0.08	26	0.08	0.24
14	0.33	0.44	28	0.08	0.23	13	0.06	0.09	27	0	0.13
15	0.08	0.46	29	0	0.13	14	0.15	0.21	28	0	0.08
16	0.20	0.61	30	0.16	0.24	15	0.09	0.30	29	0.32	0.32
17	0.10	0.38	31	0.20	0.35	16	0.09	0.33	30	0.10	0.42
18	0.10	0.40	—	—	—	17	0.09	0.27	—	—	—

根据低温冻害的实际发生情况，人工气候箱试验结果及番茄、黄瓜、辣椒和茄子作物不同生育阶段的生育指标，确定日温差寒害指标（表4.5），据此确定设施内作物的低温冻害指标（表4.6）。

表4.5　日温差寒害指标				
	无	轻	中	重
Ig	<0.05	0.05~0.15	0.15~0.30	>0.3
3 d Ig 和	<0.1	0.1~0.2	0.2~0.4	>0.4

等级	要素	果实膨大期			
		番茄	黄瓜	甜椒	茄子
无	最低气温/℃	>6	>8	>10	>10
轻度	最低气温/℃	4~6	5~8	6~10	6~10
中度	最高气温/℃	<10	<10	<12	<12
	最低气温/℃	2~4	2~5	3~6	3~6
	3 d≤5 ℃持续时间和	15~30 h	15~30 h	15~30 h	15~30 h
重度	最高气温/℃	<8	<8	<10	<10
	最低气温/℃	<2	<2	<3	<3
	3 d≤5 ℃持续时间和	>30 h	>30 h	>30 h	>30 h

表 4.6　不同作物果实膨大期低温冻害指标

4.2.6　低温冻害指标验证

针对 4 种天气条件分别计算了喀左县和沈阳市 4 个时间拐点温度变化速率（表 4.7），并对喀左县和沈阳市日光温室内逐时温度预报进行检验。

表 4.7　4 种天气条件下不同时段日光温室内温度变化速率　　　　　　　　　　℃/h

站点	天气型	01—08 时	08—13 时	13—17 时	17—24 时
喀左	晴天	-0.227	4.661	-3.299	-0.700
	多云	-0.210	2.263	-3.116	-0.361
	阴天	-0.147	1.930	-1.900	-0.251
	雪天	-0.128	-0.128	-0.128	-0.128
沈阳	晴天	-0.190	3.570	-2.644	-0.506
	多云	-0.159	2.581	-1.930	-0.323
	阴天	-0.106	1.555	-1.053	-0.173
	雪天	-0.125	-0.125	-0.125	-0.125

表 4.8 为喀左县和沈阳市日光温室内逐时温度预报检验结果。从拟合和预报结果看，喀左站的准确率高于沈阳站，18 时至翌日 08 时预报准确率高，09—17 时准确率低。08 时的准确率最高，2 个站≤2 ℃准确率都达到了 71% 以上，≤3 ℃准确率达到了 82% 以上。18 时至翌日 07 时≤2 ℃准确率达到了 60% 以上，≤3 ℃准确率达到了 86% 以上。09—17 时准确率较低。分析原因是受生产活动影响所致。

站点	时段	拟合检验			预测检验		
		样本	平均绝对误差/℃	准确率/(%)(≤2 ℃, ≤3 ℃)	样本	平均绝对误差/℃	准确率/(%)(≤2 ℃, ≤3 ℃)
喀左	01—24时	1719	2.02	64, 78	522	2.18	61, 75
	18时至翌日7时	993	1.21	81, 94	315	1.58	72, 88
	08时	72	0	81, 96	21	1.02	95, 95
	09—17时	654	3.34	35, 52	196	3.22	40, 55
沈阳	01—24时	1211	2.49	57, 70	385	2.49	48, 71
	18时至翌日7时	699	1.65	73, 86	219	1.78	60, 87
	08时	52	1.19	83, 96	17	1.42	71, 82
	09—17时	460	3.91	31, 43	149	3.67	27, 45

表 4.8　日光温室温度预报模型检验

为了验证预报模型的适用性，针对2012年12月14—16日喀左县出现阴雪天气进行应用验证，平均绝对误差为1.67 ℃，≤2 ℃准确率达到85%，最高气温小于10 ℃，最低气温小于6 ℃，≤5 ℃持续时间达18 h（图4.6），发生了中度低温冻害，与实际情况符合，因此建立的逐时预报模型可以用于低温冻害的预警。

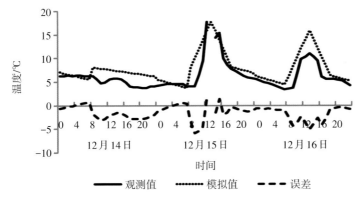

图4.6　2012年12月14—16日喀左县日光温室内温度观测值、模拟值及误差变化

4.3　连阴寡照指标确定

4.3.1　寡照对蔬菜光合速率的影响

图4.7给出了番茄、黄瓜、茄子和甜椒4种蔬菜光合速率的变化情况。由图4.7可见，当寡照达到7 d的时候，4种作物的光合速率恢复不大，说明已受到严重伤害，寡照3 d时4种作物都能恢复到对照水平，说明此时只受到了轻度危害。

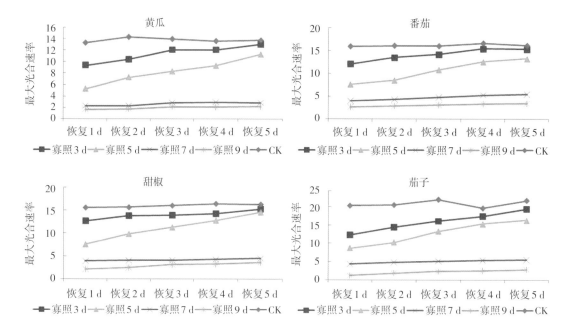

图4.7　寡照对蔬菜光合速率的影响

4.3.2　寡照对蔬菜最大光化学效率的影响

图4.8给出了番茄、黄瓜、茄子和甜椒4种蔬菜最大光化学效率的变化情况。由图4.8可见，当寡照达到7 d的时候，4种作物的最大光化学效率恢复不大，说明已受到严重伤害；寡照3 d的4种作物都能恢复到对照水平，说明此时只受到了轻度危害。

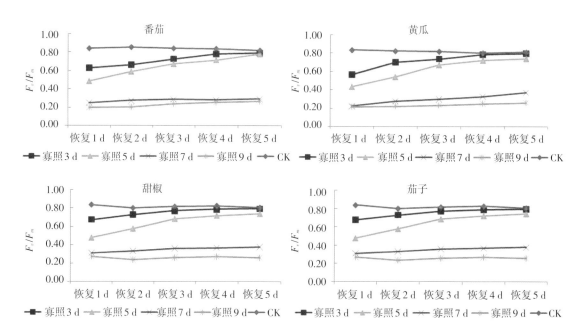

图4.8　寡照对蔬菜最大光化学效率的影响

4.3.3　寡照胁迫指数的计算

利用试验数据计算得到寡照胁迫指数，详见表4.9。

表 4.9　寡照胁迫指数

作物	黄瓜				番茄			
天数	寡照3 d	寡照5 d	寡照7 d	寡照9 d	寡照3 d	寡照5 d	寡照7 d	寡照9 d
恢复1 d	0.47	0.21	0.05	0.03	0.57	0.28	0.07	0.04
恢复2 d	0.62	0.33	0.05	0.03	0.65	0.37	0.08	0.04
恢复3 d	0.78	0.49	0.07	0.04	0.77	0.54	0.10	0.05
恢复4 d	0.86	0.61	0.09	0.05	0.87	0.65	0.11	0.06
恢复5 d	0.93	0.75	0.09	0.05	0.92	0.79	0.12	0.07
作物	甜椒				茄子			
天数	寡照3 d	寡照5 d	寡照7 d	寡照9 d	寡照3 d	寡照5 d	寡照7 d	寡照9 d
恢复1 d	0.65	0.28	0.09	0.04	0.43	0.24	0.06	0.01
恢复2 d	0.80	0.45	0.11	0.05	0.53	0.33	0.07	0.03
恢复3 d	0.81	0.59	0.11	0.06	0.63	0.46	0.08	0.03
恢复4 d	0.83	0.68	0.11	0.06	0.83	0.67	0.11	0.05
恢复5 d	0.92	0.82	0.13	0.07	0.85	0.65	0.11	0.05

4种作物在正常光照的30%遮阴下，寡照处理3 d、5 d、7 d和9 d，处理7 d以上时光合作用速率无法恢复。寡照5~7 d，光合速率显著下降，恢复缓慢，光系统受到伤害，认为发生中度灾害。3~4 d轻灾，1~2 d无灾害。以适宜条件为基础，根据作物光合系统受寡照影响程度，确定寡照胁迫指数指标为：0.5~1无灾，0.25~0.5轻度，0.1~0.25中度，<0.1重度。

4.3.4　连阴寡照指标的确定

东北地区日照充足，阴雨寡照灾害出现很少，多与低温伴随发生。2012年阴雨寡照天气出现在11月上旬。沈阳2012年11月3—6日出现寡照天气，期间一直阴天，出现降水，最低气温在10 ℃以上，温度满足番茄生长需要，受光照不足和湿度较大影响，灰霉病轻发生。

综合考虑试验及实际寡照的发生情况，将蔬菜受寡照胁迫影响分为无、轻、中、重4个等级，确定指标体系见表4.10。

寡照 灾害等级	黄瓜、茄子	番茄、甜椒
	表4.10　阴雨寡照指标	
无	2 d 无日照	3 d 无日照
轻	连续 2 d 无日照，或连续 3 d 中有 2 d 无日照，另 1 d 日照时数<3 h	连续 3 d 无日照，或连续 4 d 中有 3 d 无日照，另 1 d 日照时数<3 h
中	连续 4~7 d 无日照，或逐日日照时数<3 h 连续 7 d 以上	连续 5~7 d 无日照，或逐日日照时数<3 h 连续 7 d 以上
重	连续无日照日数大于 7 d，或逐日日照时数 <3 h 连续 10 d 以上	连续无日照日数大于 7 d，或逐日日照时数 <3 h 连续 10 d 以上

4.4　大风掀棚指标确定

4.4.1　最大风速极值分布

风速极值 I 型分布和经验分布见图4.9。

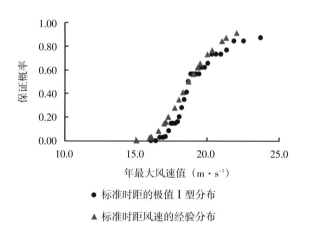

● 标准时距的极值 I 型分布

▲ 标准时距风速的经验分布

图4.9　30 a 10 min 年平均最大风速资料序列的极值 I 型分布与经验分布

4.4.2　东北地区不同重现期风速极值分布

东北地区日光温室为钢架结构温室和竹木结构温室，竹木结构温室使用寿命仅为 5~10 a，而一般钢结构温室使用期限也不过 20 a。因此，这里利用极值 I 型分布函数计算了 5 a、10 a、20 a 和 30 a 一遇的 10 min 平均最大风速极值。

图4.10给出了东北地区不同重现期 10 min 平均最大风速极值分布情况。由图4.10可

知，最大风速呈东西部及北部山区小、沿海及中部平原大的分布特点。当重现期不同时，最大风速值不同，而且差距很大，从30 a到5 a重现期，最大风速由大部分地区的20 m/s左右下降到15 m/s以下。

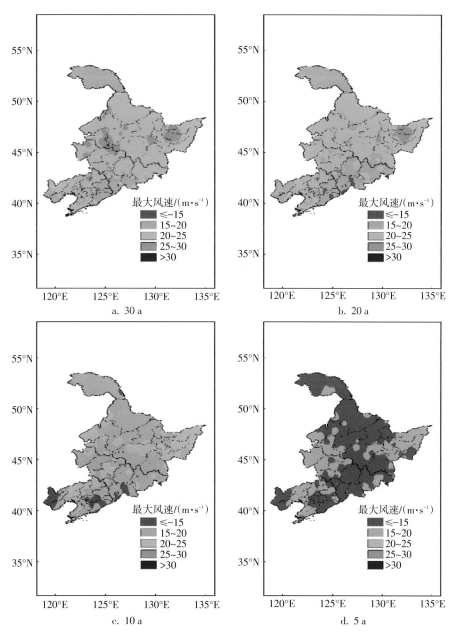

图4.10　东北地区不同重现期10 min平均最大风速极值空间分布

4.4.3　东北地区基本风压分布

利用前面计算得到的最大风速极值，采用基本风压计算公式计算得到10 m高度处不同重现期的基本风压值，如图4.11所示。基本风压值呈沿海及中部平原大、东西部及北部山区小的分布趋势。当重现期不同时，基本风压差距较大，从30 a到5 a重现期，基本风压由大部分地区在0.25 kN/m²以上，其中辽宁沿海、中部大部、北部，吉林中西部，黑龙江西部及东北部地区在0.35 kN/m²以上；20 a重现期大部分地区在0.25 kN/m²以上；10 a重现期大部分地区在0.15 kN/m²以上；5 a重现期大部分地区在0.15 kN/m²以下。

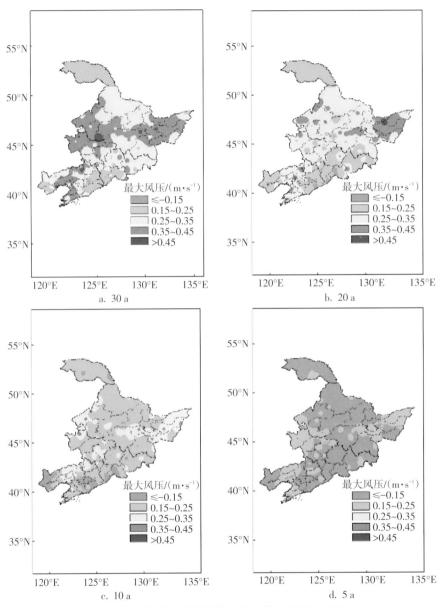

图4.11 东北地区不同重现期年10 m基本风压空间分布

4.4.4 东北地区日光温室基本风压分布

东北地区日光温室高度一般都在5 m以下，且一般都建造在地势平坦、四周空旷的地方，符合规范中规定的B类地区，取0.16。根据下式计算5 m高度处风随高度变化系数为0.801。

$$\mu_z = \left(\frac{z}{z_s}\right)^{2\partial}$$

式中，z为10m高度；z_s为温室高度；∂为地貌指数。

图4.12给出了东北地区不同重现期温室基本风压（5 m）分布情况。与10 m高度处基本风压相比：30 a重现期大部分地区由10 m高度的0.35 kN/m²以上降到0.35 kN/m²以下；20 a重现期大部分地区由10 m高度的0.25 kN/m²以上降到0.25 kN/m²以下；10 a重现期大部分地区由10 m高度的0.15 kN/m²以上降到0.15 kN/m²以下。因此，针对日光温室的使用寿命，采用GB/T18622—2002中的30a重现期10m高度处的风压标准建造日光温室，会造成成本浪费。

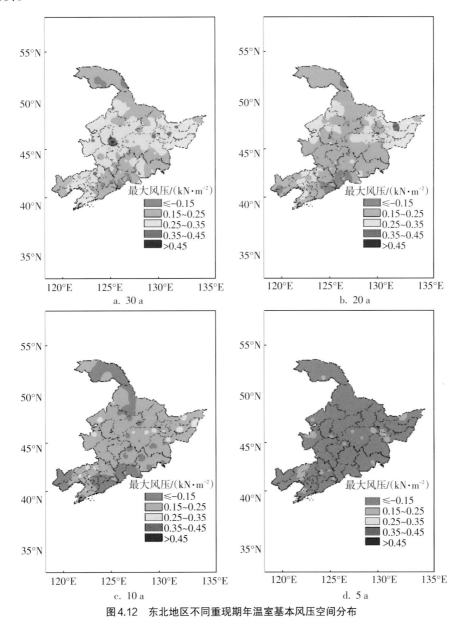

图4.12　东北地区不同重现期年温室基本风压空间分布

4.4.5　温室风压计算值与规范值比较

东北地区日光温室一般使用寿命在20 a左右，所以将20 a重现期的最大风压与规范值进行了比较。从二者的差值看（图4.13），黑龙江东北部计算值比规范值高，其余地区较规范值低。由图4.13a可知，在10 m高度处辽宁中部地区（从西到东），吉林和黑龙江松嫩平原区基本风压比规范值低0.2 kN/m²以上，其余大部分低0.1 kN/m²以上；图4.13b给出了5 m高度处的计算值与规范值比较情况，大部地区比规范值低0.2 kN/m²以上。说明按规范标准建设日光温室一般不会受到大风掀棚的影响。

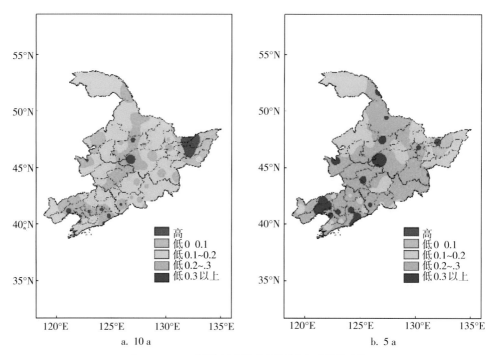

图4.13　20 a重现期最大风压计算值与规范值的比较

4.4.6　温室大风掀棚指标确定

温室的风荷载体型系数与其体型、尺寸、风向有关，考虑到温室的种类繁多，在规模、种类、材料、重要性、耐用年限、结构等方面存在着很大的差异，缺乏统一性，因此在充分调研东北地区日光温室建造结构、规模、使用年限的前提下，以有代表性的长80 m、宽7.5 m、高4.2 m，坡度角为35°~40°的标准日光温室为基础，在不考虑风载体型系数 μ_s（设其为1）的情况下，确定温室所受的最大风压，计算温室所能承受的最大风速作为其遭受大风危害的临界预警指标。考虑温室的使用年限及高度，把5 m高度处20 a重现期和5 m高度处10 a重现期基本风压分别作为日光温室（暖棚）和塑料大棚（冷棚）的临界风压。由于日常天气预报的是10 m高度处10 min风速，因此，需要进行风随高度的换算。

分析大风掀棚试验数据，整理大风掀棚历史灾情资料，结合东北地区温室基本风压分布情况，完善现有指标，建立东北地区大风掀棚灾害风速指标体系。确定风速指标如表4.11所示，地区分布见图4.14。

表4.11　大风掀棚临界指标

类型	风压/ (kN·m⁻²)	风速/ (m·s⁻¹)	地区代码	分布地区
日光 温室	0.15	17	I	辽宁西部和东部山区、吉林东部山区
	0.25	22	II	辽宁大部、吉林大部和黑龙江大部地区
	0.35	26	III	辽河平原、黑龙江西部和三江平原地区
	0.45	30	IV	三江平原部分地区
塑料 大棚	0.10	14	I	辽宁西部和东部山区、吉林东部山区和黑龙江北部山区
	0.15	17	II	辽宁大部、吉林大部和黑龙江大部地区
	0.20	20	III	辽河平原、三江平原部分地区
	0.25	22	IV	辽南沿海地区

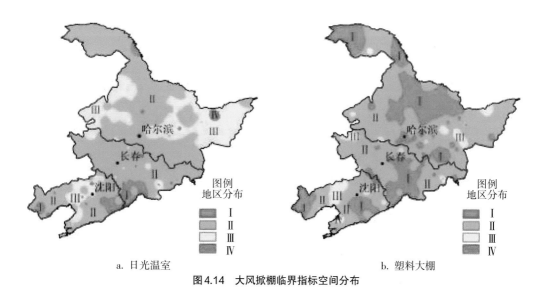

a. 日光温室　　　　　　　　　　　　b. 塑料大棚

图4.14　大风掀棚临界指标空间分布

由图4.14可见，大风掀棚高值区主要分布在辽南沿海地区，风压达到0.35~0.45 kN/m²，10 min最大平均风速极值达26~30 m/s。低值区分布在辽宁西部和东部山区、吉林东部山区、黑龙江北部山区，风压在0.15 kN/m²以下，10 min最大平均风速极值<17 m/s。

4.4.7　大风掀棚指标验证

对2013年8次大风观测数据及进行分析，发现共有3次出现大风掀棚灾害，因此对出现大风灾害的2月28日、3月1日和3月9日的大风资料及灾害资料进行统计（表4.12），发现极大风速都在 16.6 m/s 以上，而且出现大风掀棚的日光温室存在年久失修。由此可见，确定日光温室大风掀棚指标为 8 级（17 m/s）以上大风，塑料大棚掀棚指标为 7 级（14 m/s）以上大风还是比较合理的。

乡镇名称	受灾时间	受灾村组	棚长×宽×高/m	受灾程度	受灾数量/栋	极大风速/(m·s⁻¹)
水泉乡	2月28日	水泉村10组	80×6.5×3.5	棚膜刮坏	1	20.7
中三家镇	3月1日	丛元号树下	90×7×4.2	膜刮撕	2	30.3
	3月1日	小城子村黑山沟	—	棉被刮掉	4	24.0
	3月1日	东村花卉基地	—	塑料刮破，青椒、黄瓜受冻害	11	20.6
大城子镇	3月1日	小城子村黑山沟	—	棉被刮掉	4	24.0
尤杖子乡	3月1日	詹杖子村	60×8×3.5	棚膜刮坏、作物受冻	1	20.6
冶金工业园区	2月28日	公营子村四组	80×7.5×4.2	棚膜部分刮坏（每棚10 m以上）	2	21.7
	3月9日	公营子村八组	80×7×3.5	棚膜部分刮坏	7	23.6
坤都乡	2月28日	前杖子村	80×7.5×4.2	棚膜刮坏	2	17.4
	3月1日	前杖子村	80×7.5×4.2	棚膜刮坏	3	20.5
甘招乡	2月28日	羊草沟门村四组	80×7.5×4.2	棚膜部分刮坏	6	16.6
	3月9日	章吉营子村	70×7×3.5	棚模全部刮坏	3	24.0

表4.12　2013年3次大风灾害统计

4.5　暴雪垮棚指标确定

4.5.1　东北地区不同重现期最大积雪深度分布

利用极值Ⅰ型分布函数计算了30 a、20 a、10 a和5 a一遇的积雪深度极值。图4.15给出了东北地区不同重现期地面雪深极值分布情况。由图4.15可知，地面积雪深度呈东部向西部逐渐减小的趋势。随着重现期的缩短，小于20 cm线向东移，总体看，最大积雪深度空间分布变化不大。高值区（大于30 cm）分布在黑龙江东部、北部和吉林东部，小于20 cm低值区分布在黑龙江西南部、吉林西部、辽宁西部和南部，其余地区最大积雪深度在20~30 cm。

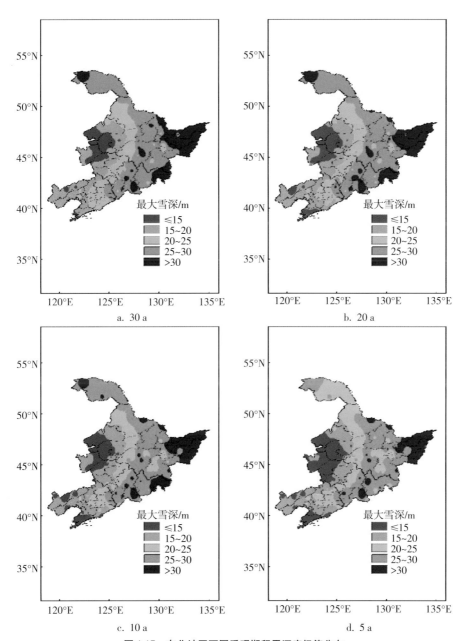

图4.15　东北地区不同重现期积雪深度极值分布

4.5.2　东北地区地面基本雪压分布

利用前面计算得到的积雪深度极值，采用基本雪压计算公式计算得到地面不同重现期的基本雪压值，如图4.16所示。由图4.16可见，地面基本雪压呈东部向西部逐渐减小的趋势。随着重现期的缩短，小于0.25 kN/m²雪压线向东移，总体看，基本雪压空间分布变化不大。高值区（大于0.45 kN/m²）分布在黑龙江东部、北部和吉林东部，小于0.25 kN/m²

低值区分布在黑龙江西南部，吉林西部和辽宁西部、南部，其余地区地面基本雪压在
0.25~0.45 kN/m²。

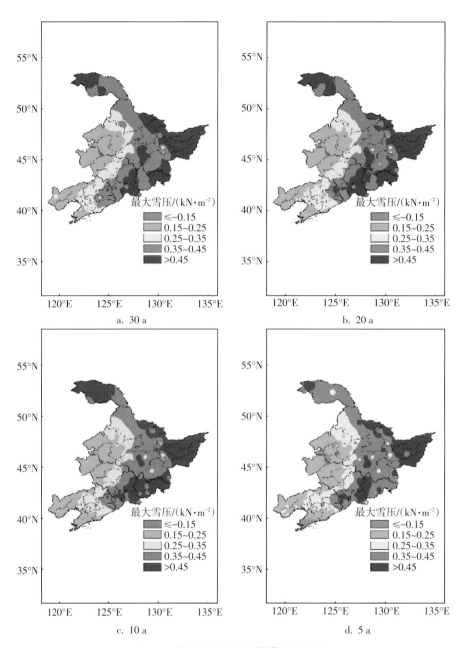

图4.16 东北地区不同重现期最大雪压分布

4.5.3 东北地区不同坡度屋面雪压分布

东北地区日光温室一般为单坡面的日光温室，μ_r 与温室的坡度有关，东北地区日光温室坡度角在30°～40°，因此日光温室的屋面积雪分布系数采用表4.13中的数值计算。

坡度角/(°)	30	35	40	45
μ_r	0.8	0.6	0.4	0.2

表4.13　坡屋面积雪分布系数

对前面得到的地面雪压极值进行温室坡度角订正后，得到不同坡度角的雪压分布。

图4.17给出了东北地区不同坡度角雪压分布情况。随着坡度角的增大，雪压呈逐渐减小的趋势，当坡度角为50°时，不受积雪的影响。30°~35°角大部地区由0.45 kN/m²以上降到0.25 kN/m²以下；40°角大部地区由0.35 kN/m²降到0.15 kN/m²以下。因此针对不同坡度角的日光温室，采用GB/T18622—2002中的30 a重现期的雪压标准进行建筑，会浪费成本。

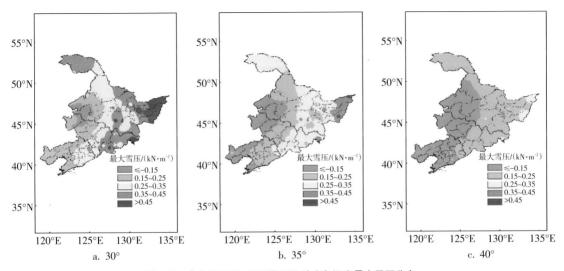

图4.17　东北地区30a重现期不同坡度角温室最大雪压分布

4.5.4　雪压计算值与规范值比较

由于东北地区不同重现期最大雪压变化不大，因此将30 a重现期的最大雪压与规范值进行了比较。从二者的差值看（图4.18），除了吉林中部有几个点高于规范值外，其余大部分地区都低于规范值。吉林东部抚松、通化，黑龙江虎林比规范值低0.3 kN/m²以上，其余大部分比规范值低0.1~0.2 kN/m²。因此，按照规范标准建造日光温室一般不会受到暴雪垮棚的影响。

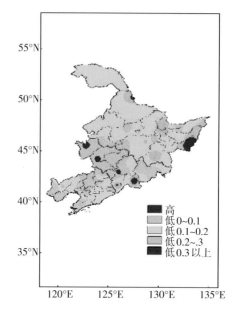

图4.18　30 a重现期最大雪压计算值与规范值的比较

4.5.5　暴雪垮棚指标确定

通过对历史资料分析，发现东北地区暴雪垮棚主要出现在秋季10—11月和春季2—4月（混合性降雪，设积雪密度为0.2 g/cm³=200 kg/m³）。这两个时期多是雨雪天气伴随发生，而且是先降水，后降雪，积雪密度比较大，同时棚上保温棉被被雨水打湿，质量增加，导致垮棚灾害发生。冬季（上年12月至翌年1月，纯降雪，设积雪密度为0.1 g/cm³=100 kg/m³）发生垮棚很少，只有出现特大暴雪时才会发生垮棚事件。

在充分调研东北地区日光温室建造结构、规模、使用年限的前提下，以有代表性的长80 m、宽7.5 m、高4.2 m的标准日光温室为基础，按照日光温室能够承受的临界雪压为标准，确定不同坡度角日光温室遭受暴雪危害的临界雪深预警指标。

分析暴雪垮棚试验数据，整理暴雪垮棚历史灾情资料，结合东北地区不同坡度屋面雪压分布情况，完善现有指标，建立东北地区暴雪垮棚灾害降雪量指标体系，适用于11月至翌年3月。

统计了近30 a东北地区各站纯雪的暴雪过程的总降水量与新增雪深，雨雪混合过程中降水量>10 mm、雪深>5 cm过程的总降水量与新增雪深，得到两种情况下降水量与雪深的比值的空间分布。根据此比例关系，反算出温室暴雪垮棚降水量指标对照表，见表4.14。

温室坡度角/(°)	降水量/mm	地区分布
		表4.14　暴雪垮棚临界降水量指标
30	19	辽宁西部和南部、吉林西部、黑龙江西南部
	32	辽宁中部和东部、黑龙江中部、吉林中部
	45	吉林东部、黑龙江东部
	57	黑龙江东北部
35	26	辽宁大部、吉林西部和中部、黑龙江西部
	43	辽宁东北部、黑龙江中部和东部、吉林东部
	60	黑龙江东北部
40	38	辽宁、吉林和黑龙江大部
	64	黑龙江东北部

4.5.6 暴雪垮棚指标验证

2009年2月12—13日，辽宁出现小雨转大雪到暴雪天气，铁岭、抚顺、营口、辽阳、本溪和盘锦地区发生了暴雪垮棚事件。通过降雪深度和降雪量统计发现，此次降水过程为混合型降雪，不同地区积雪密度不同，由表4.15可见，发生温棚受灾的最小雪深为10 cm，降水量为20.4 mm，积雪密度达到0.2 g/cm³以上，此区日光温室及塑料大棚坡面角为30°左右，常年雪压达到0.15 kN/m²以上，由此可见，确定的指标是合理的。

表4.15　辽宁省2009年2月12—13日降水量、积雪深度及受灾情况

观测站	雪深/cm	降水量/mm	温棚是否受灾	观测站	雪深/cm	降水量/mm	温棚是否受灾
彰武	11	13.7	否	桓仁	4	37.1	否
阜新	3	9.4	否	建昌	8	14.3	否
昌图	15	11.1	是	绥中	8	27.3	否
开原	21	21.4	是	兴城	4	18.1	否
清原	12	26.2	是	大洼	14	21.8	是
朝阳	0	16.8	否	营口	5	19.1	否
叶柏寿	12	15.1	否	海城	7	27.2	否
新民	12	19.7	否	熊岳	2	18.7	否
义县	5	10.6	否	岫岩	0	28.9	否
黑山	7	9.3	否	宽甸	0	36.8	否

续表

观测站	雪深/cm	降水量/mm	温棚是否受灾	观测站	雪深/cm	降水量/mm	温棚是否受灾
锦州	7	15.5	否	丹东	0	33.9	否
盘锦	10	20.4	是	瓦房店	0	14.2	否
沈阳	17	23.2	是	长海	0	9.0	否
本溪	14	33.9	是	庄河	0	14.8	否
本溪县	9	35.6	否	旅顺	0	4.8	否
抚顺	13	20.7	是	大连	0	6.0	否
新宾	17	33.1	是				

2013年11月16—20日，黑龙江省出现暴雪、局部大暴雪，主要分布在中部和东部地区。其中大兴安岭、黑河、齐齐哈尔大部、大庆、肇州和肇东降水量在10 mm以下或无降水，三江平原中西大部、哈尔滨大部、牡丹江大部和绥化市降水量为30~66 mm，其他地区降水量为11~28 mm。此次降雪为混合型降雪，由表4.16可见，发生日光温室受灾的最小雪深为29 cm，降水量为47 mm，积雪密度达到0.2 g/cm³以上，此区日光温室坡度角达到35°以上，常年最大雪压达到0.25 kN/m²以上。由此可见，确定的指标是合理的。

表4.16　黑龙江省2013年11月16—20日降水量、积雪深度和受灾情况

县市	降水量/mm	积雪深度/cm	温棚是否受灾
哈尔滨	16	14	否
双城	22	16	否
阿城	36	30	是
桦南	29	65	是
宾县	47	29	是
木兰	43	43	是
方正	47	38	是
延寿	51	42	是
尚志	66	64	是
牡丹江	50	39	是

5

设施农业天气预报技术

统计9组观测试验点温室内外气象要素对比观测数据，确定天气类型划分标准、数据处理方法、误差准确率的计算方法。分析不同季节、不同天气类型（晴天、多云、阴天、降水）下，温室内外气象要素的对应关系，包括最低气温、最高气温、相对湿度、日照时数，分析各要素的日变化特征。分析不同结构温室生长季气温逐日变化、对温度变化的响应、低温期温度变化对蔬菜生长的影响等。为了便于小气候预报模型的推广应用，综合考虑数据的获得情况，利用相关和逐步回归方法，针对3种结构的温室分别建立4个季节、4种天气类型下温室内最高气温、最低气温、相对湿度和日照时数的小气候预报模型。拟合检验结果显示，最低气温预报准确率达84.5%，夏季最高气温准确率达71%，相对湿度准确率达97.4%。

5.1　温室内外气象要素的对应关系分析

5.1.1　天气型划分标准

针对东北地区日光温室的特点，以日照时数划分4种天气型（晴、多云、阴、雨或雪）。天气型划分标准见表5.1。

表5.1　天气型划分标准				
日照时数 S/h	$0<S\leq3$，白天有降水	$0<S\leq3$	$3<S<6$	$S\geq6$
天气型	雨或雪	阴	多云	晴

5.1.2　观测数据处理方法

采用线性回归方法分析温室内温度变化规律并计算温度变化速率。温度变化速率可由一元线性方程 $T(t)=at+b$，一阶导数 $dT(t)/dt=a$ 获得。a 为温度变化率，b 为常数，T 为温度，t 为时间。

根据当前自动观测日照时数仪器的日照时数计算的设置原则：直接辐射达到 $120\ \text{W/m}^2$

时才认为有日照。本研究针对小气候观测站温室内总辐射的观测资料，采用80%和85%分别计算温室内直接辐射，然后利用10 min观测的总辐射数据计算>120 W/m²的时间。

5.1.3 误差准确率的计算方法

5.1.3.1 最高、最低温度预报误差检验

绝对误差：$T_{ma} = F_i - O_i$

平均绝对误差：$T_{MAE} = \dfrac{1}{N}\sum\limits_{i=1}^{N}|F_i - O_i|$

预报准确率：$TT_K = \dfrac{Nr_K}{Nf_K} \times 100\%$

式中，F_i 为第 i 次预报温度；O_i 为第 i 次实况温度；K 为 1、2，分别代表 $|F_i - O_i| \leqslant 1\ ℃$、$|F_i - O_i| \leqslant 2\ ℃$；$Nr_K$ 为不同季节预报正确的次数；Nf_K 为不同季节预报的总次数。

5.1.3.2 平均相对湿度预报误差检验

绝对误差：$H_{ma} = F_i - O_i$

平均绝对误差：$H_{MAE} = \dfrac{1}{N}\sum\limits_{i=1}^{N}|F_i - O_i|$

预报准确率：$HH_K = \dfrac{Nr_K}{Nf_K} \times 100\%$

式中，F_i 为第 i 次预报相对湿度；O_i 为第 i 次实况相对湿度；K 为 1、2，分别代表 $|F_i - O_i| \leqslant 5\%$、$|F_i - O_i| \leqslant 10\%$；$Nr_K$ 为不同季节预报正确的次数；Nf_K 为不同季节预报的总次数。

5.1.4 不同季节、不同天气条件下气象要素内外对应关系分析

5.1.4.1 平均气温

由图5.1和表5.2可见，不同天气型温室内外气温均有上升和下降过程，基本都呈单峰型变化趋势，温室内气温上升和下降幅度比温室外明显。温室内气温自08时增温幅度明显，增温速度自快到慢排序依次为晴天>多云>降水>阴天，温室内气温自15时降温幅度明显，降温速度自快到慢排序依次为晴天>多云>降水>阴天。不同天气型下温室外日较差自大到小分别为晴天>多云>阴天>降水，温室内日较差自大到小分别为晴天>多云>降水>阴天，温室内外日较差自大到小为降水>多云>晴天>阴天。多云时温室内最高温度出现在14时，其余天气型出现在13时；晴天时温室内最低温度出现在05时，其余天气型出现在23时。

由图5.2和表5.3可见，辽宁省大洼县秋季不同天气型温室内气温上升和下降幅度比温室外明显，温室内气温自08时增温幅度明显。增温速度自快到慢排序依次为晴天>多云>降水>阴天，温室内气温自15时降温幅度明显，降温速度自快到慢排序依次为晴天>多云>降水>阴天。不同天气型下温室外日较差自大到小分别为多云>晴天>阴天>降水，温室内日较差自大到小分别为晴天>多云>降水>阴天，温室内外日较差自大到小为阴天>多云>晴

天>降水。晴天温室内最高温度出现在14时，多云出现在13时，阴天出现在10时，降水出现在15时。晴天和多云时温室内最低温度出现在06时，阴天出现在19时，降水出现在23时。

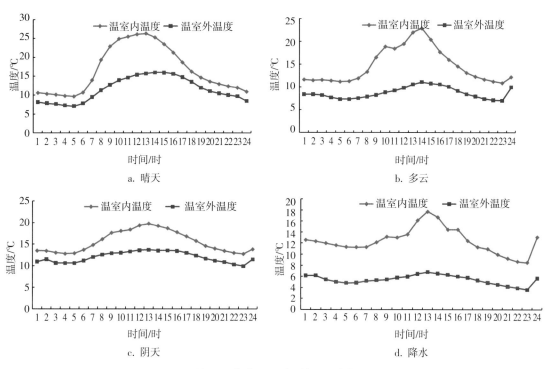

图5.1　春季不同天气型气温日变化

天气型	温室外 最大日 较差/℃	温室内 最大 温差 时间/ 时	温室内外			温室外 最高 气温 ℃	时间 /时	温室内 最高 气温 ℃	时间 /时	温室外 最低 气温/ ℃	时间 /时	温室内 最低 气温/ ℃	时间 /时
			温差/ ℃	最小 温差 时间/ 时	温差/ ℃								
晴天	9.0	16.7	10	11.0	23	2.3	16.0	14	26.4	13	7.1	05	9.7	05
多云	4.1	12.0	14	11.9	24	2.3	11.1	14	22.9	14	7.0	23	10.9	23
阴天	3.8	7.1	13	6.1	02	1.9	13.6	13	19.7	13	9.9	23	12.7	23
降水	3.2	9.2	13	10.9	22	4.8	6.8	13	17.7	13	3.6	23	8.5	23

表5.2　温室内外温度比较

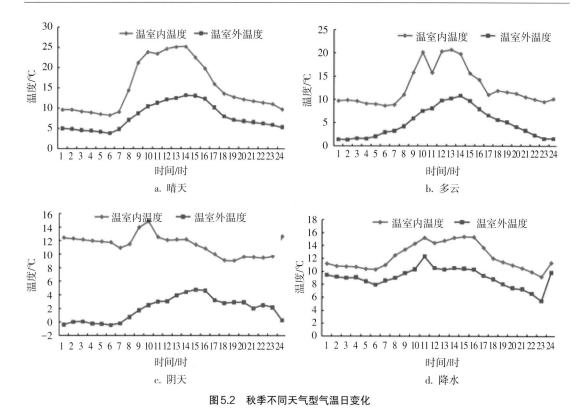

图5.2   秋季不同天气型气温日变化

表5.3   温室内外温度比较

天气型	温室外	温室内	温室内外				温室外		温室内		温室外		温室内	
	最大日较差/℃	最大日较差/℃	最大温差时间/时	温差/℃	最小温差时间/时	温差/℃	最高气温/℃	时间/时	最高气温/℃	时间/时	最低气温/℃	时间/时	最低气温/℃	时间/时
晴天	9.3	16.9	13	12.7	07	4.3	13.1	14	25.2	14	3.8	06	8.3	06
多云	9.5	12.0	10	12.6	17	4.5	10.8	14	20.7	13	1.4	02	8.7	06
阴天	5.2	5.8	10	12.4	19	6.1	4.8	15	14.9	10	-0.5	06	9.1	19
降水	5.0	6.2	16	5.1	24	1.5	10.5	14	15.4	15	5.5	23	9.2	23

由图5.3和表5.4可见，大洼县冬季不同天气型（因降水天气型数据太少，未列）温室内外气温均有上升和下降过程，温室内气温天气型呈单峰变化。温室内气温上升和下降幅度比温室外明显，温室内气温自09时增温幅度明显，增温速度自快到慢排序依次为晴天>多云>阴天。温室内气温自16时降温幅度明显，降温速度自快到慢排序依次为晴天>多云>阴天。不同天气型下温室外日较差自大到小分别为晴天>阴天>多云，温室内日较差自大到小分别为晴天>阴天>多云，温室内外日较差自大到小为晴天>多云>阴天。晴天温室内最高温度出现在11时，多云和阴天出现在13时；不同天气型温室内最低温度出现在08时。

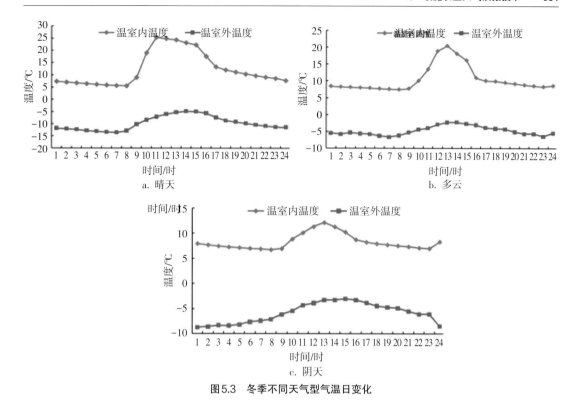

图5.3 冬季不同天气型气温日变化

天气型	温室外	温室内	温室内外				温室外		温室内		温室外		温室内	
	最大日较差/℃	最大温差时间/时	最大温差时间/时	温差/℃	最小温差时间/时	温差/℃	最高气温/℃	时间/时	最高气温/℃	时间/时	最低气温/℃	时间/时	最低气温/℃	时间/时
晴天	8.7	19.9	11	32.5	08	18.4	−4.8	14	25.4	11	−13.5	07	5.5	08
多云	4.4	13.0	13	22.8	09	13.0	−2.3	14	20.5	13	−6.7	07	7.5	08
阴天	5.7	5.4	24	16.9	16	12.0	−3.0	15	12.2	13	−8.7	01	6.8	08

表5.4 温室内外温度比较

5.1.4.2 相对湿度

由图5.4和表5.5可见，不同天气型温室内湿度明显高于温室外湿度。温室内湿度自08时通风开始后降低幅度明显，降低速度自快到慢排序依次为晴天>多云>阴天>降水。自16时关闭通风后增大幅度明显，增加速度自快到慢排序依次为晴天>多云>阴天>降水。温室内外湿度差自大到小为晴天>阴天>多云>降水。

温室内相对湿度的日变化与气温变化趋势相反夜间，温室内相对湿度大，日出前达最大值，日出后随着气温升高，相对湿度逐渐下降，14时左右达最低值。之后逐渐增加，至18时左右缓慢增加。相对湿度变化主要集中在08—18时通风时段内，通风时段内温室内外湿度差值较小，温室密闭时段相对湿度受外界影响较小，湿度大且稳定。

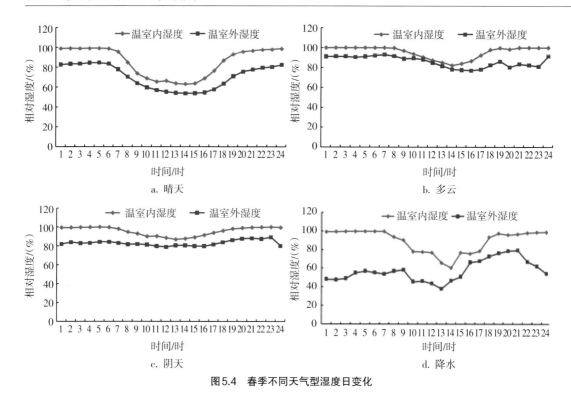

图5.4 春季不同天气型湿度日变化

天气型	温室外	温室内	温室内外				温室外		温室内		温室外		温室内	
	最大日较差/(%)	最大日较差/(%)	最大差时间/时	湿度差/(%)	最小差时间/时	湿度差/(%)	最高湿度/(%)	时间/时	最高湿度/(%)	时间/时	最低湿度/(%)	时间/时	最低湿度/(%)	时间/时
晴天	30.7	36.0	18	23.3	11	8.3	84.4	05	99.0	05	53.7	14	63.0	14
多云	15.4	17.9	23	19	11	2.4	92.7	07	99.9	22—07	77.3	15	82.1	14
阴天	10.3	13.0	24	19.5	13	6.4	89.1	23	99.9	05	78.8	12	86.9	13
降水	10.3	9.8	02	12.9	16	2.4	94.8	21	99.9	04—07	84.5	13	90.1	14

表5.5 温室内外湿度比较

由图5.5和表5.6可见，秋季晴天10—15时温室外湿度高于温室内湿度，其余天气型温室内湿度高于温室外湿度。温室内湿度自08时通风开始后降低幅度明显，降低速度自快到慢排序依次为晴天>多云>降水>阴天。自16时关闭通风后增大幅度明显，增加速度自快到慢排序依次为晴天>多云>阴天>降水。温室内外湿度差自大到小为阴天>多云>晴天>降水。

温室内相对湿度大，日出前达最大值，日出后随着气温升高，降水天气在11时达到最低值，其余天气型在14时左右达到最低值。

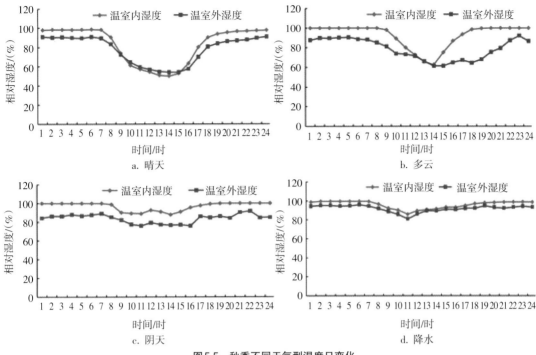

图5.5 秋季不同天气型湿度日变化

天气型	温室外	温室内	温室内外				温室外		温室内		温室外		温室内	
	最大日较差/(%)	最大日较差/(%)	最大差时间/时	湿度差/(%)	最小差时间/时	湿度差/(%)	最高湿度/(%)	时间/时	最高湿度/(%)	时间/时	最低湿度/(%)	时间/时	最低湿度/(%)	时间/时
晴天	36.6	48.6	17	10.2	09	1.7	90.8	06	98.7	06	54.2	15	50.1	14
多云	30.5	37.3	18	34.0	13	-0.3	91.9	23	99.9	21—08	61.4	14	62.7	14
阴天	15.6	11.9	20	15.7	09	8.0	91.6	22	99.9	20—07	76.0	11	88.0	14
降水	14.9	13.6	22	5.4	13	1.3	95.9	06	99.6	06	81.0	11	86.0	11

表5.6 温室内外湿度比较

　　由图5.6和表5.7可见，不同天气型温室内湿度明显高于温室外湿度。温室内湿度自10时通风开始后降低幅度明显，降低速度自快到慢排序依次为晴天>多云>阴天，自15时关闭通风后增大幅度明显，增加速度自快到慢排序依次为晴天>多云>阴天。温室内外湿度差自大到小为晴天>阴天>多云。

　　温室内相对湿度晚上和凌晨达最大值，日出后随着气温升高，相对湿度逐渐下降，13时左右达最低值，之后逐渐增加，至18时左右缓慢增加。

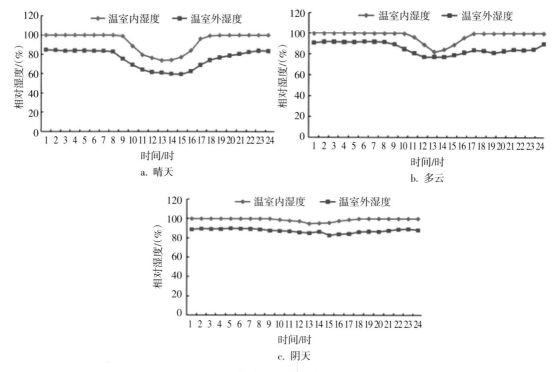

图5.6　冬季不同天气型湿度日变化

表5.7　温室内外湿度比较

天气型	温室外	温室内	温室内外				温室外		温室内		温室外		温室内	
	最大日较差/(%)		最大差时间/时	湿度差/(%)	最小差时间/时	湿度差/(%)	最高湿度/(%)	时间/时	最高湿度/(%)	时间/时	最低湿度/(%)	时间/时	最低湿度/(%)	时间/时
晴天	25.2	26.1	17	27.2	13	12.9	84.7	01	99.9	21—08	59.5	15	73.8	13
多云	14.7	17.7	19	18.6	13	4.7	92.0	06	99.9	18—09	77.3	14	82.2	13
阴天	7.1	5.0	17	14.6	14	8.6	89.9	05	99.9	20—09	82.8	15	94.9	13

5.1.4.3　辐射

由图5.7可见，不同天气型下，20时至翌日04时总辐射和光合辐射均为0 W/m²。05—19时总辐射量和光合辐射量均呈现先上升后下降的过程，且每小时总辐射量和光合辐射量从大到小排序均为晴天>多云>阴天>降水，晴天、多云、阴天和降水时的日最大总辐射量依次为553.9 W/m²、373.9 W/m²、186.0 W/m²和186.1 W/m²。晴天出现在11时，其余天气型出现在13时。晴天、多云、阴天和降水时的日光合辐射量依次为206.7 W/m²、164 W/m²、66.4 W/m²和176.4 W/m²。晴天出现在12时，其余天气型出现在13时。

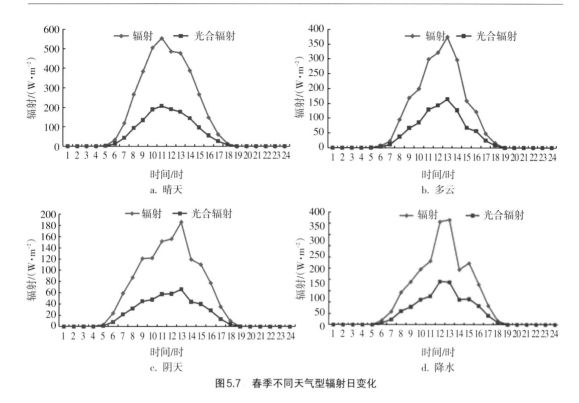

图5.7　春季不同天气型辐射日变化

由图5.8可见，大洼县秋季不同天气型下，18时至翌日06时总辐射和光合辐射均为0 W/m²，07—17时总辐射量均呈现先上升后下降的过程，且每小时总辐射量和光合辐射量从大到小排序均为晴天>多云>阴天>降水。晴天、多云、阴天和降水时的日最大总辐射量依次为447.7 W/m²、261.0 W/m²、115.5 W/m²和88.8 W/m²，晴天和多云天出现在12时，阴天出现在09时，降水天出现在11时。晴天、多云、阴天和降水时的日光合辐射量依次为128.4 W/m²、77.5 W/m²、34.5 W/m²和29.7 W/m²，出现时刻与总辐射一致。晴天和阴天呈双峰变化，多云和降水天呈三峰变化。

由图5.9可见，大洼县冬季不同天气型下，18时至翌日07时总辐射和光合辐射均为0 w/m²，08—17时总辐射量均呈现先上升后下降的过程，且每小时总辐射量和光合辐射量从大到小排序均为晴天>多云>阴天。晴天、多云和阴天时的日最大总辐射量依次为349.2 W/m²、232.2 W/m²和116.1 W/m²，最大值出现在12时。晴天、多云和阴天时的最大日光合辐射量依次为97.9 W/m²、72.2 W/m²和37.6 W/m²，出现时刻与总辐射一致。不同天气型总辐射和光合辐射呈单峰变化。

5.1.5　不同结构日光温室气象要素比较分析

5.1.5.1　不同结构日光温室生长季气温逐日变化

图5.10给出了两个生长季不同结构日光温室在不同天气条件下气温的逐日变化情况。对于两个生长季而言，在3种天气条件下无论最高气温、最低气温还是平均气温都是土墙温室大于复合墙温室。3种温度都表现为晴天>多云天>阴雨天，对于最高气温而言，土墙

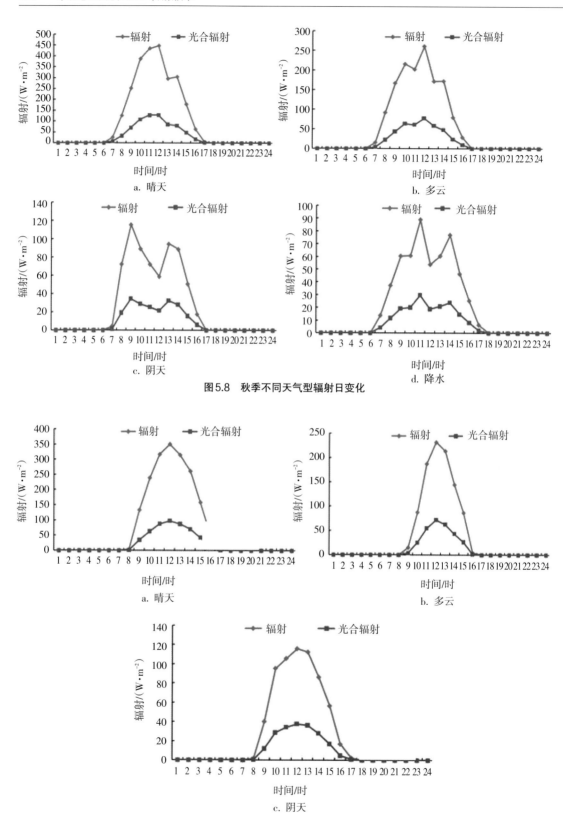

图5.8 秋季不同天气型辐射日变化

图5.9 冬季不同天气型辐射日变化

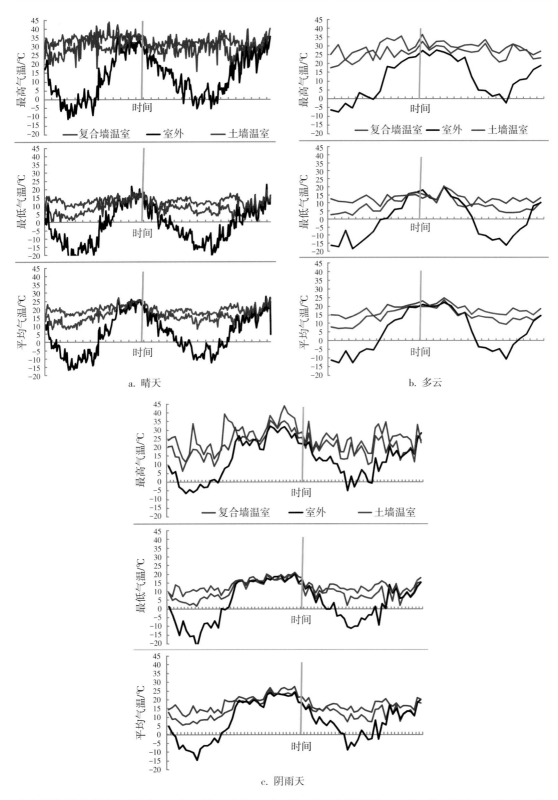

a. 晴天

b. 多云

c. 阴雨天

每幅图片中间竖线左侧时间为2012年10月14日至2013年6月30日，右侧时间为2013年9月14日至2014年5月29日

图5.10 生长季不同天气条件下气温逐日变化

温室分别比室外高20.4 ℃、18.0 ℃和13.2 ℃，复合墙温室比温室外高16.2 ℃、14.2 ℃和8.4 ℃；对于最低气温而言，土墙温室分别比室外高14.8 ℃、13.2 ℃和9.8 ℃，复合墙温室分别比室外高10.6 ℃、9.2 ℃和6.7 ℃；对于平均气温而言，土墙温室分别比室外高15.1 ℃、13.1 ℃和10.1 ℃，复合墙温室分别比室外高11.0 ℃、9.3 ℃和6.5 ℃（表5.8）。

表5.8　　不同天气条件下不同结构日光温室内温度与室外温度差值　　　　　℃								
温室 类型	晴天			多云天			阴雨天		
	最高	最低	平均	最高	最低	平均	最高	最低	平均
土墙温室	20.4	14.8	15.1	18.0	13.2	13.1	13.2	9.8	10.1
复合墙温室	16.2	10.6	11.0	14.2	9.2	9.3	8.4	6.7	6.5

从波动性看，两种结构日光温室晴天和多云天变化比较平稳，阴雨天波动性较大。从两个季节的分布来看，温度变化趋势相同，2012—2013年生长季室外气温低于2013—2014年生长季。2012—2013年生长季室外最低气温极值达到-22.9℃，且2012年12月至2013年2月中旬大部分时间室外最低气温低于-15℃，2012年11月下旬至2013年1月上旬土墙温室内最低气温在10 ℃以上变化，能够满足作物生长需要。复合墙温室内最低气温低于5℃，发生了低温冻害。2013—2014年生长季两个温室内最低气温都在10 ℃以上变化，能够满足作物生长需要。由此可见，两种结构日光温室保温性能差异较大，不同季节变化差异也较大，土墙温室明显好于复合墙温室。

5.1.5.2　不同结构日光温室对温度变化的响应

在实测数据中选取低温冻害最容易发生的12月7日（多云）、9日（晴）、12日（阴）和14日（降水）数据，进行温室内逐时温度变化情况对比分析。图5.11给出了4种天气条件下两种结构日光温室内温度和总辐射的变化情况。由图5.11可知，在4种天气条件下，晴天和多云天日光温室内温度有明显的日变化，白天在掀帘后（08—09时）受光照的影响，温度迅速升高，13时左右达到高点，然后缓慢下降，16—17时盖帘后下降更加缓慢。晴天的温度升幅明显大于多云天，阴天和白天有降水情况下，由于天空有云覆盖，光强比较弱，温室内温度日变化不明显，温度缓慢升高，升幅较小，然后又缓慢下降。降水天由于不掀帘或只掀一会儿，温度处于持续下降状态。

从温室结构看，在4种天气条件下，两种温室光照条件基本相同，土墙温室内平均温度高于复合墙温室，二者比较，晴>多云>阴>降水，分别为10.2 ℃、7.7 ℃、7.1 ℃和6.0 ℃。在温度升降幅上都是晴>多云>阴，在早上掀帘后温度急剧升高，当达到最高点时，晴、多云和阴土墙温室温度升幅分别为23 ℃、17.1 ℃和5.0 ℃，复合墙温室温度升幅分别为20.5 ℃、15.2 ℃和9.1 ℃。当温度达到最高点后，温度持续下降到最低点，晴、多云和阴土墙温室温度降幅分别为20.4 ℃、16.5 ℃和4.1 ℃，复合墙温室温度降幅分别为18.4 ℃、15.9 ℃和9.4 ℃（表5.9）。针对12月的数据进行分析，发现确实存在这种情况，说明在日照时数大于3 h情况下土墙温室白天蓄热能力和午后到夜间的散热大于复合墙温

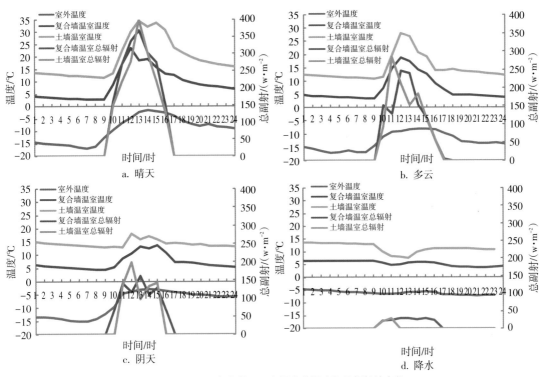

图5.11　不同天气条件下日光温室内温度和总辐射的变化

室；在日照时数小于3h情况下复合墙温室蓄热能力大于土墙结构温室，午后到夜间保温能力小于土墙温室；降水天气条件下温室不掀帘，温度处于持续下降状态，二者温度下降情况相同。

表5.9　不同天气条件下日光温室内温度变化比较					℃
天气型	土墙温室和复合墙温室 平均气温差值	土墙温室		复合墙温室	
		升幅	降幅	升幅	降幅
晴	10.2	23.0	20.4	20.5	18.4
多云	7.7	17.1	16.5	15.2	15.9
阴	7.1	5.0	4.1	9.1	9.4
降水	6.0	—	2.2	—	2.2

5.1.4.3　低温期不同结构日光温室温度变化及其对蔬菜生长的影响

　　2012—2013年和2013—2014年两个生长季土墙温室种植辣椒，复合墙温室种植番茄。其中2012—2013年生长季复合墙温室在12月至翌年1月期间发生了低温冻害，因此对容易发生低温冻害的12月至翌年1月的温度进行分析，发现两个生长季低温期温度变化起伏较大（图5.12）。从最高气温看，土墙温室在30℃左右变化，两个生长季相差0.2℃（表5.10），复合墙温室在25℃左右变化，两个生长季相差2.8℃，发生低温冻害的

2012—2013生长季最高气温波动幅度较大，12月14日降到10℃以下。从最低气温看，土墙温室在10℃左右变化，两个生长季相差0.8℃，大部分时间在10℃以上，能够满足蔬菜生长需求，因此没有发生低温冻害。复合墙温室在5~10℃变化，两个生长季相差2.3℃，2013—2014年生长季发生了低温冻害。

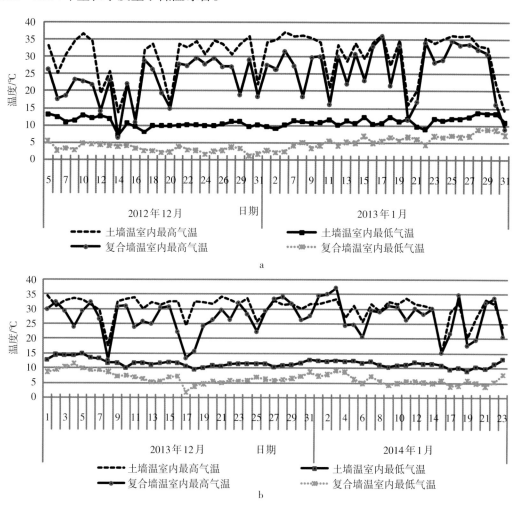

图5.12　不同结构日光温室低温期温度变化

低温期	土墙温室		复合墙温室	
表5.10　两个生长季低温期温度比较　　　　　　　　　　　　　　　　　　　℃				
	最高气温	最低气温	最高气温	最低气温
2012年12月至2013年1月	30.1	10.7	24.4	3.9
2013年12月至2014年1月	30.3	11.5	27.2	6.2
二者差值	0.2	0.8	2.8	2.3

从逐时温度变化看，土墙温室气温明显高于复合墙温室气温，大部分时间相差达5℃

及以上（图5.13a），说明土墙温室的保温和蓄热性能都要高于复合墙温室。土墙温室气温都在10 ℃以上变化，复合墙温室气温在5 ℃上下变化（图5.13b），其中2012—2013年生长季低温期（12月）大部分时间在5 ℃以下。7—9日，15日，17—20日，24日≤5 ℃持续时间达10 h以上（表5.11），14—16日连续阴天，此期间到其后连续出现≤5 ℃持续10 h以上的情况，最长持续时间出现在14日白天到15日上午，持续时间最长达18 h。整个12月期间温度大部时段不能满足棚内蔬菜番茄生长需要，生长缓慢甚至停止生长，于1月中旬气温回升后表现为果实大量脱落，叶片皱缩发黄，发生重度低温冻害，产量损失50%以上。

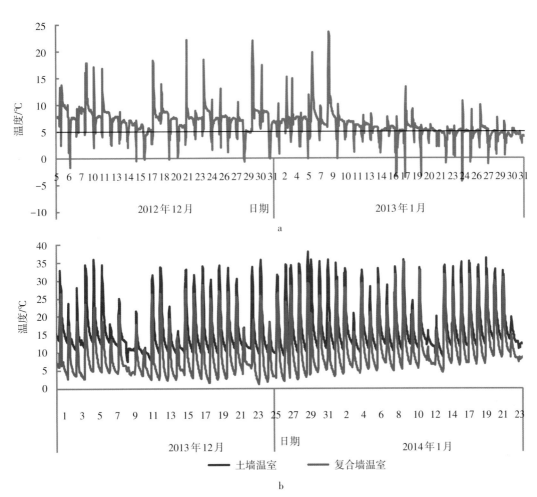

图5.13　2012—2013年生长季低温期温度变化

表5.11　2012—2013年生长季12月≤5 ℃持续时间

日期	6	7	8	9	10	11	12	13	14	15	16	17
≤5 ℃持续时间/h	7	10	16	11	3	2	4	8	2	18	8	11
日期	18	19	20	21	22	23	24	25	26	27	28	
≤5 ℃持续时间/h	10	11	12	5	9	8	12	9	9	6	2	

5.2 温室内气象要素预报模型建立

针对暖棚和冷棚分别建立4个季节、4种天气条件下温室内4种要素最高气温、最低气温、相对湿度和日照时数的小气候预报模型。

5.2.1 小气候预报模型建立原则

为了便于小气候预报模型的推广应用，利用东北地区6个台站2012年4月至2014年2月10 min小气候观测数据，在剔除数据缺测、异常值后，针对4个季节，4种天气型，综合考虑数据的获得情况，按单因子、多因子（容易获得和不容易获得数据）分别建立预报模型。建立原则如下，见表5.12。

季节	天气型	预报要素	预报类型		入选因子	因子数
春季夏季秋季冬季	晴多云阴雨或雪	最低温度	单因子		温室外最低气温	1
			多因子	容易预报	前一日温室外最高、最低，当日温室外最低	3
				不容易预报	前一日温室外最高、最低，前一日温室内最高、最低，当日温室外最低	5
		最高温度	单因子		温室外最高气温	1
			多因子	二因子	温室外最高、最低气温	2
				容易预报	前一日温室外最高、最低，当日温室外最低、最高	4
				不容易预报	前一日温室外最高、最低，前一日温室内最高、最低，当日温室外最低、最高	6
		平均相对湿度	单因子		温室外相对湿度	1
			多因子	容易预报	前一日温室外最高、最低，当日温室外最低、最高	4
				不容易预报	前一日温室外最高、最低，前一日温室内最高、最低，前一日温室内平均相对湿度，当日温室外最低、最高	7
		日照时数	单因子		温室外日照时数	1

表5.12 小气候预报模型建立原则

5.2.2 小气候预报模型的建立

5.2.2.1 单因子预报模型

通过对温室内外气象数据的分析，在不同季节划分天气型后分别建立4种要素（最低气温、最高气温、平均相对湿度和日照时数）的单因子的小气候预报模型，见表5.13~表5.16。Tn_min 为温室内最低气温；Tw_min 为温室外最低气温；Tn_max 为温室内最高气温；Tw_max 为温室外最高气温；Hn_avg 为温室内平均相对湿度；Tw_avg 为温室外平均相对湿度；Sn 为温室内日照时数；Sw 为温室外日照时数。

表5.13 温室内最低气温预报模型				
温室结构	季节	天气型	模型	R
复合墙结构	春季	晴	$Tn\_min=11.023+0.171Tw\_min$	0.362
		多云	$Tn\_min=11.038+0.365Tw\_min$	0.556
		阴	$Tn\_min=11.137+0.273Tw\_min$	0.518
		雨	$Tn\_min=7.516+0.519Tw\_min$	0.814
	夏季	晴	$Tn\_min=3.945+0.816Tw\_min$	0.817
		多云	$Tn\_min=2.123+0.914Tw\_min$	0.878
		阴	$Tn\_min=2.267+0.91Tw\_min$	0.903
		雨	$Tn\_min=3.167+0.899Tw\_min$	0.871
	秋季	晴	$Tn\_min=9.505+0.21Tw\_min$	0.387
		多云	$Tn\_min=7.826+0.513Tw\_min$	0.739
		阴	$Tn\_min=10.428+0.317Tw\_min$	0.661
		雨	$Tn\_min=8.294+0.472Tw\_min$	0.670
	冬季	晴	$Tn\_min=11.039+0.261Tw\_min$	0.420
		多云	$Tn\_min=11.886+0.335Tw\_min$	0.531
		阴	$Tn\_min=8.364+0.151Tw\_min$	0.278
		雨	$Tn\_min=6.415+0.092Tw\_min$	0.288
土墙结构	春季	晴	$Tn\_min=14.228+0.100Tw\_min$	0.265
		多云	$Tn\_min=10.756+0.428Tw\_min$	0.714
		阴	$Tn\_min=13.280+0.208Tw\_min$	0.302
		雨	$Tn\_min=7.725+0.613Tw\_min$	0.990
	夏季	晴	$Tn\_min=4.760+0.723Tw\_min$	0.882
		多云	$Tn\_min=1.290+0.950Tw\_min$	0.995
		阴	$Tn\_min=1.411+0.951Tw\_min$	0.896
		雨	$Tn\_min=3.471+0.877Tw\_min$	0.804

续表

温室结构	季节	天气型	模型	R
土墙结构	秋季	晴	$Tn\_min=11.714-0.127Tw\_min$	0.278
		多云	$Tn\_min=9.052+0.189Tw\_min$	0.737
		阴	$Tn\_min=12.036-0.002Tw\_min$	0.006
		雨	$Tn\_min=11.204+0.054Tw\_min$	0.097
	冬季	晴	$Tn\_min=14.685+0.195Tw\_min$	0.540
		多云	$Tn\_min=12.911+0.056Tw\_min$	0.256
		阴	$Tn\_min=11.971+0.057Tw\_min$	0.187
冷棚	5—8月	晴	$Tn\_min=1.803+0.868Tw\_min$	0.872
		多云	$Tn\_min=-0.327+Tw\_min$	0.949
		阴	$Tn\_min=5.957+0.670Tw\_min$	0.733
		雨	$Tn\_min=1.017+0.976Tw\_min$	0.938

表5.14　温室内最高气温预报模型				
温室结构	季节	天气型	模型	R
复合墙结构	春季	晴	$Tn\_max=27.904+0.152Tw\_max$	0.336
		多云	$Tn\_max=24.666+0.215Tw\_max$	0.434
		阴	$Tn\_max=23.389+0.169Tw\_max$	0.206
		雨	$Tn\_max=15.035+0.562Tw\_max$	0.714
	夏季	晴	$Tn\_max=7.627+0.846Tw\_max$	0.628
		多云	$Tn\_max=1.763+1.054Tw\_max$	0.654
		阴	$Tn\_max=6.944+0.845Tw\_max$	0.702
		雨	$Tn\_max=0.696+1.108Tw\_max$	0.773
	秋季	晴	$Tn\_max=26.778+0.120Tw\_max$	0.222
		多云	$Tn\_max=21.202+0.320Tw\_max$	0.491
		阴	$Tn\_max=17.241+0.402Tw\_max$	0.526
		雨	$Tn\_max=13.053+0.544Tw\_max$	0.660
	冬季	晴	$Tn\_max=29.023+0.255Tw\_max$	0.223
		多云	$Tn\_max=23.594+0.707Tw\_max$	0.508

续表

温室结构	季节	天气型	模型	R
复合墙结构	冬季	阴	$Tn\_max=15.722+0.301Tw\_max$	0.274
		雨	$Tn\_max=13.178-0.192Tw\_max$	0.135
土墙结构	春季	晴	$Tn\_max=37.116-0.212Tw\_max$	0.378
		多云	$Tn\_max=32.856-0.060Tw\_max$	0.188
		阴	$Tn\_max=34.326-0.238Tw\_max$	0.193
		雨	$Tn\_max=15.831+0.749Tw\_max$	0.958
	夏季	晴	$Tn\_max=22.877+0.429Tw\_max$	0.558
		多云	$Tn\_max=23.224+0.321Tw\_max$	0.608
		阴	$Tn\_max=0.317+1.173Tw\_max$	0.716
		雨	$Tn\_max=2.942+1.125Tw\_max$	0.802
	秋季	晴	$Tn\_max=31.742-0.048Tw\_max$	0.200
		多云	$Tn\_max=30.169+0.010Tw\_max$	0.078
		阴	$Tn\_max=17.105+0.674Tw\_max$	0.810
		雨	$Tn\_max=29.188-0.505Tw\_max$	0.709
	冬季	晴	$Tn\_max=33.282-0.220Tw\_max$	0.327
		多云	$Tn\_max=27.632+0.110Tw\_max$	0.175
		阴	$Tn\_max=20.704+0.697Tw\_max$	0.337
冷棚	5-8月	晴	$Tn\_max=17.075+0.608Tw\_max$	0.596
		多云	$Tn\_max=6.207+0.946Tw\_max$	0.831
		阴	$Tn\_max=15.674+0.518Tw\_max$	0.539
		雨	$Tn\_max=-1.204+1.132Tw\_max$	0.757

表5.15　温室内平均相对湿度预报模型				
温室结构	季节	天气型	模型	R
复合墙结构	春季	晴	$Hn\_avg=62.622+0.352Tw\_avg$	0.458
		多云	$Hn\_avg=60.137+0.412Tw\_avg$	0.664
		阴	$Hn\_avg=76.510+0.214Tw\_avg$	0.353
		雨	$Hn\_avg=59.951+0.413Tw\_avg$	0.642

续表

温室结构	季节	天气型	模型	R
复合墙结构	夏季	晴	$Hn\_avg=50.538+0.409Tw\_avg$	0.430
		多云	$Hn\_avg=52.009+0.429Tw\_avg$	0.459
		阴	$Hn\_avg=37.415+0.608Tw\_avg$	0.690
		雨	$Hn\_avg=50.721+0.47Tw\_avg$	0.530
	秋季	晴	$Hn\_avg=67.293+0.215Tw\_avg$	0.200
		多云	$Hn\_avg=67.047+0.265Tw\_avg$	0.350
		阴	$Hn\_avg=79.792+0.174Tw\_avg$	0.305
		雨	$Hn\_avg=64.936+0.327Tw\_avg$	0.400
	冬季	晴	$Hn\_avg=71.936+0.280Tw\_avg$	0.567
		多云	$Hn\_avg=78.944+0.218Tw\_avg$	0.751
		阴	$Hn\_avg=63.693+0.396Tw\_avg$	0.562
		雨	$Hn\_avg=76.169+0.261Tw\_avg$	0.695
土墙结构	春季	晴	$Hn\_avg=74.179+0.167hw\_avg$	0.393
		多云	$Hn\_avg=78.268+0.180hw\_avg$	0.757
		阴	$Hn\_avg=86.066+0.072hw\_avg$	0.330
		雨	$Hn\_avg=63.502+0.360hw\_avg$	0.985
	夏季	晴	$Hn\_avg=32.472+0.713hw\_avg$	0.845
		多云	$Hn\_avg=27.529+0.752hw\_avg$	0.927
		阴	$Hn\_avg=38.005+0.636hw\_avg$	0.932
		雨	$Hn\_avg=31.006+0.705hw\_avg$	0.853
	秋季	晴	$Hn\_avg=73.957+0.008Tw\_avg$	0.014
		多云	$Hn\_avg=85.499-0.041Tw\_avg$	0.053
		阴	$Hn\_avg=85.640+0.017Tw\_avg$	0.029
		雨	$Hn\_avg=66.350+0.248hw\_avg$	0.757
	冬季	晴	$Hn\_avg=80.104+0.091Tw\_avg$	0.352
		多云	$Hn\_avg=94.751-0.086Tw\_avg$	0.396
		阴	$Hn\_avg=85.337+0.099Tw\_avg$	0.536

续表

温室结构	季节	天气型	模型	R
冷棚	5-8月	晴	$Hn\_avg=-39.485+1.766Tw\_avg$	0.377
		多云	$Hn\_avg=21.265+0.828Tw\_avg$	0.898
		阴	$Hn\_avg=21.775+0.832Tw\_avg$	0.891
		雨	$Hn\_avg=24.970+0.790Tw\_avg$	0.939

表5.16　温室内日照时数预报模型

	季节	模型	R
>140 W/m²	春季	$Sn=3.318+0.432\times Sw$	0.704
	秋季	$Sn=1.139+0.587\times Sw$	0.714
	冬季	$Sn=1.208+0.541\times Sw$	0.704
>150 W/m²	春季	$Sn=3.606+0.404\times Sw$	0.626
	秋季	$Sn=1.361+0.577\times Sw$	0.699
	冬季	$Sn=1.451+0.523\times Sw$	0.660

5.2.2.2　多因子预报模型

（1）考虑因子容易获得情况

考虑因子容易获得情况建立多因子小气候预报模型，见表5.17~表5.20。在前面单因子预报的基础上，引进前一日温室内最低气温和最高气温。Tw_q_max为前一日温室外最高气温，Tw_q_min为前一日温室外最低气温。

表5.17　温室内最低气温预报模型

温室结构	季节	天气型	模型	R
复合墙结构	春季	晴	$Tn\_min=7.694+0.272Tw\_q\_max-0.287Tw\_q\_min+0.051Tw\_min$	0.489
		多云	$Tn\_min=8.768+0.204Tw\_q\_max-0.013Tw\_q\_min+0.040Tw\_min$	0.587
		阴	$Tn\_min=9.454+0.109Tw\_q\_max-0.502Tw\_q\_min+0.656Tw\_min$	0.712
		雨	$Tn\_min=6.582+0.084Tw\_q\_max-0.137Tw\_q\_min+0.563Tw\_min$	0.817
	夏季	晴	$Tn\_min=1.731+0.114Tw\_q\_max+0.037Tw\_q\_min+0.723Tw\_min$	0.828
		多云	$Tn\_min=1.526+0.105Tw\_q\_max-0.135Tw\_q\_min+0.922Tw\_min$	0.888
		阴	$Tn\_min=2.751-0.041Tw\_q\_max+0.133Tw\_q\_min+0.820Tw\_min$	0.908
		雨	$Tn\_min=1.333+0.101Tw\_q\_max+0.128Tw\_q\_min+0.708Tw\_min$	0.880

续表

温室结构	季节	天气型	模型	R
复合墙结构	秋季	晴	$Tn\_min=7.473+0.156Tw\_q\_max-0.154Tw\_q\_min+0.187Tw\_min$	0.405
		多云	$Tn\_min=8.355-0.016Tw\_q\_max-0.101Tw\_q\_min+0.578Tw\_min$	0.689
		阴	$Tn\_min=9.451+0.062Tw\_q\_max-0.228Tw\_q\_min+0.458Tw\_min$	0.680
		雨	$Tn\_min=5.636+0.244Tw\_q\_max-0.178Tw\_q\_min+0.353Tw\_min$	0.704
	冬季	晴	$Tn\_min=9.656+0.182Tw\_q\_max-0.065Tw\_q\_min+0.205Tw\_min$	0.496
		多云	$Tn\_min=13.671+0.095Tw\_q\_max+0.206Tw\_q\_min+0.220Tw\_min$	0.628
		阴	$Tn\_min=8.031+0.030Tw\_q\_max-0.027Tw\_q\_min+0.148Tw\_min$	0.273
		雪	$Tn\_min=6.909-0.054Tw\_q\_max+0.029Tw\_q\_min+0.148Tw\_min$	0.589
土墙结构	春季	晴	$Tn\_min=12.841+0.069Tw\_q\_max-0.192Tw\_q\_min+0.112Tw\_min$	0.369
		多云	$Tn\_min=8.752+0.091Tw\_q\_max+0.205Tw\_q\_min+0.130Tw\_min$	0.850
		阴	$Tn\_min=10.900+0.194Tw\_q\_max-0.341Tw\_q\_min+0.341Tw\_min$	0.761
		雨	$Tn\_min=8.260-0.057Tw\_q\_max+0.061Tw\_q\_min+0.632Tw\_min$	0.998
	夏季	晴	$Tn\_min=6.394-0.106Tw\_q\_max-0.021Tw\_q\_min+0.825Tw\_min$	0.901
		阴	$Tn\_min=5.313-0.291Tw\_q\_max+0.299Tw\_q\_min+0.886Tw\_min$	0.984
		雨	$Tn\_min=2.733+0.018Tw\_q\_max+0.198Tw\_q\_min+0.691Tw\_min$	0.829
	秋季	晴	$Tn\_min=15.469-0.234Tw\_q\_max-0.097Tw\_q\_min+0.299Tw\_min$	0.339
		多云	$Tn\_min=8.541+0.058Tw\_q\_max+0.293Tw\_q\_min+0.059Tw\_min$	0.873
		阴	$Tn\_min=14.508-0.224Tw\_q\_max-0.292Tw\_q\_min+0.624Tw\_min$	0.602
		雨	$Tn\_min=12.185-0.243Tw\_q\_max-0.547Tw\_q\_min+0.964Tw\_min$	0.774
	冬季	晴	$Tn\_min=12.110+0.213Tw\_q\_max-0.131Tw\_q\_min+0.128Tw\_min$	0.676
		多云	$Tn\_min=16.295-0.040Tw\_q\_max+0.183Tw\_q\_min+0.128Tw\_min$	0.596
		阴	$Tn\_min=10.530+0.395Tw\_q\_max-0.021Tw\_q\_min-0.089Tw\_min$	0.805
冷棚	5—8月	晴	$Tn\_min=-2.497+0.162Tw\_q\_max+0.178Tw\_q\_min+0.663Tw\_min$	0.884
		多云	$Tn\_min=0.907-0.106Tw\_q\_max+0.176Tw\_q\_min+0.939Tw\_min$	0.958
		阴	$Tn\_min=4.123-0.053Tw\_q\_max+0.275Tw\_q\_min+0.602Tw\_min$	0.794
		雨	$Tn\_min=-0.431+0.104Tw\_q\_max+0.034Tw\_q\_min+0.853Tw\_min$	0.943

温室结构	季节	天气型	模型	R
表5.18			**温室内最高气温预报模型（二因子）**	
复合墙结构	春季	晴	$Tn\_max=25.049+0.394Tw\_max-0.338Tw\_min$	0.458
		多云	$Tn\_max=23.753+0.318Tw\_max-0.137Tw\_min$	0.448
		阴	$Tn\_max=22.360+0.321Tw\_max-0.166Tw\_min$	0.217
		雨	$Tn\_max=14.989+0.571Tw\_max-0.013Tw\_min$	0.714
	夏季	晴	$Tn\_max=7.801+0.898Tw\_max-0.066Tw\_min$	0.630
		多云	$Tn\_max=1.663+1.109Tw\_max-0.078Tw\_min$	0.655
		阴	$Tn\_max=6.574+0.927Tw\_max-0.098Tw\_min$	0.705
		雨	$Tn\_max=3.566+1.219Tw\_max-0.32Tw\_min$	0.789
	秋季	晴	$Tn\_max=24.376+0.292Tw\_max-0.223Tw\_min$	0.283
		多云	$Tn\_max=19.601+0.489Tw\_max-0.216Tw\_min$	0.511
		阴	$Tn\_max=15.720+0.559Tw\_max-0.166Tw\_min$	0.535
		雨	$Tn\_max=11.115+0.869Tw\_max-0.447Tw\_min$	0.695
	冬季	晴	$Tn\_max=27.622+0.326Tw\_max-0.098Tw\_min$	0.230
		多云	$Tn\_max=25.908+0.537Tw\_max+0.190Tw\_min$	0.522
		阴	$Tn\_max=13.426+0.504Tw\_max-0.225Tw\_min$	0.334
		雨	$Tn\_max=8.671+0.321Tw\_max-0.517Tw\_min$	0.345
土墙结构	春季	晴	$Tn\_max=36.888-0.183Tw\_max-0.043Tw\_min$	0.380
		多云	$Tn\_max=29.879+0.246Tw\_max-0.46Tw\_min$	0.674
		阴	$Tn\_max=63.752-3.763Tw\_max+3.246Tw\_min$	0.587
		雨	$Tn\_max=16.886+0.363Tw\_max+0.641Tw\_min$	0.983
	夏季	晴	$Tn\_max=22.383+0.405Tw\_max+0.076Tw\_min$	0.564
		多云	$Tn\_max=23.157+0.356Tw\_max-0.053Tw\_min$	0.628
		阴	$Tn\_max=5.304+0.262Tw\_max+1.024Tw\_min$	0.819
		雨	$Tn\_max=-5.608+1.042Tw\_max+0.628Tw\_min$	0.816
	秋季	晴	$Tn\_max=30.704+0.019Tw\_max-0.097Tw\_min$	0.259
		多云	$Tn\_max=28.358+0.240Tw\_max-0.243Tw\_min$	0.542
		阴	$Tn\_max=11.486+1.225Tw\_max-0.589Tw\_min$	0.894
		雨	$Tn\_max=20.463+0.617Tw\_max-1.225Tw\_min$	0.936

续表

温室结构	季节	天气型	模型	R
		晴	$Tn\_max=30.230-0.086Tw\_max-0.211Tw\_min$	0.388
	冬季	多云	$Tn\_max=27.475+0.124Tw\_max-0.014Tw\_min$	0.176
		阴	$Tn\_max=18.560+0.893Tw\_max-0.221Tw\_min$	0.380
冷棚		晴	$Tn\_max=18.632+0.447Tw\_max+0.210Tw\_min$	0.629
	5—8月	多云	$Tn\_max=6.737+0.858Tw\_max+0.116Tw\_min$	0.833
		阴	$Tn\_max=14.288+0.401Tw\_max+0.279Tw\_min$	0.604
		雨	$Tn\_max=-4.234+0.848Tw\_max+0.612Tw\_min$	0.826

表5.19 温室内最高气温预报模型（四因子）				
温室结构	季节	天气型	模型	R
		晴	$Tn\_max=24.073+0.060Tw\_q\_max+0.002Tw\_q\_min+0.391Tw\_max-0.369Tw\_min$	0.487
	春季	多云	$Tn\_max=24.608-0.121Tw\_q\_max-0.184Tw\_q\_min+0.416Tw\_max+0.019Tw\_min$	0.459
		阴	$Tn\_max=19.735-0.222Tw\_q\_max-0.099Tw\_q\_min+0.876Tw\_max-0.342Tw\_min$	0.772
		雨	$Tn\_max=15.942-0.139Tw\_q\_max-0.235Tw\_q\_min+0.621Tw\_max+0.365Tw\_min$	0.730
		晴	$Tn\_max=7.575-0.058Tw\_q\_max+0.026Tw\_q\_min+0.941Tw\_max-0.062Tw\_min$	0.626
	夏季	多云	$Tn\_max=0.066-0.029Tw\_q\_max+0.167Tw\_q\_min+1.147Tw\_max-0.170Tw\_min$	0.659
		阴	$Tn\_max=8.641-0.253Tw\_q\_max-0.048Tw\_q\_min+1.048Tw\_max+0.043Tw\_min$	0.724
		雨	$Tn\_max=3.481-0.019Tw\_q\_max+0.144Tw\_q\_min+1.216Tw\_max-0.422Tw\_min$	0.792
复合墙结构		晴	$Tn\_max=23.666+0.109Tw\_q\_max+0.007Tw\_q\_min+0.234Tw\_max-0.291Tw\_min$	0.293
	秋季	多云	$Tn\_max=21.907-0.214Tw\_q\_max+0.051Tw\_q\_min+0.544Tw\_max-0.153Tw\_min$	0.491
		阴	$Tn\_max=16.478-0.137Tw\_q\_max-0.084Tw\_q\_min+0.639Tw\_max-0.055Tw\_min$	0.511
		雨	$Tn\_max=12.365-0.199Tw\_q\_max-0.039Tw\_q\_min+0.984Tw\_max-0.313Tw\_min$	0.706
		晴	$Tn\_max=26.811+0.165Tw\_q\_max+0.082Tw\_q\_min+0.302Tw\_max-0.253Tw\_min$	0.272
	冬季	多云	$Tn\_max=29.594+0.061Tw\_q\_max+0.311Tw\_q\_min+0.435Tw\_max+0.114Tw\_min$	0.553
		阴	$Tn\_max=14.509-0.102Tw\_q\_max+0.192Tw\_q\_min+0.612Tw\_max-0.366Tw\_min$	0.356
		雪	$Tn\_max=5.549+0.640Tw\_q\_max-0.434Tw\_q\_min+0.122Tw\_max-0.204Tw\_min$	0.515

续表

温室结构	季节	天气型	模型	R
土墙结构	春季	晴	$Tn\_max=33.143-0.119Tw\_q\_max+0.061Tw\_q\_min+0.184Tw\_max-0.136Tw\_min$	0.218
		多云	$Tn\_max=30.158-0.444Tw\_q\_max-0.665Tw\_q\_min+0.789Tw\_max+0.061Tw\_min$	0.692
		阴	$Tn\_max=41.148+0.380Tw\_q\_max+0.500Tw\_q\_min-1.521Tw\_max+0.449Tw\_min$	0.776
		雨	$Tn\_max=15.516+0.701Tw\_q\_max-0.060Tw\_q\_min-0.493Tw\_max+0.829Tw\_min$	0.980
	夏季	晴	$Tn\_max=21.051-0.076Tw\_q\_max+0.138Tw\_q\_min+0.440Tw\_max+0.090Tw\_min$	0.584
		阴	$Tn\_max=6.460-0.426Tw\_q\_max-0.457Tw\_q\_min+1.053Tw\_max+0.903Tw\_min$	0.934
		雨	$Tn\_max=-3.227-0.358Tw\_q\_max+0.548Tw\_q\_min+1.246Tw\_max+0.215Tw\_min$	0.853
	秋季	晴	$Tn\_max=31.516-0.127Tw\_q\_max-0.021Tw\_q\_min+0.091Tw\_max+0.017Tw\_min$	0.270
		多云	$Tn\_max=31.466-0.379Tw\_q\_max-0.175Tw\_q\_min+0.358Tw\_max+0.070Tw\_min$	0.914
		阴	$Tn\_max=13.809-0.395Tw\_q\_max-0.065Tw\_q\_min+1.487Tw\_max-0.451Tw\_min$	0.927
		雨	$Tn\_max=20.712-0.372Tw\_q\_max-0.066Tw\_q\_min+1.013Tw\_max-0.992Tw\_min$	0.965
	冬季	晴	$Tn\_max=30.015+0.090Tw\_q\_max+0.017Tw\_q\_min-0.118Tw\_max-0.249Tw\_min$	0.391
		多云	$Tn\_max=28.045-0.725Tw\_q\_max-0.173Tw\_q\_min+0.211Tw\_max+0.344Tw\_min$	0.811
		阴	$Tn\_max=19.641-0.020Tw\_q\_max+0.439Tw\_q\_min+1.276Tw\_max-0.705Tw\_min$	0.456
冷棚	5-8月	晴	$Tn\_max=-5.305+0.048Tw\_q\_max+0.166Tw\_q\_min+0.231Tw\_max+0.626Tw\_min$	0.893
		多云	$Tn\_max=10.641-0.465Tw\_q\_max+0.245Tw\_q\_min+1.100Tw\_max+0.027Tw\_min$	0.881
		阴	$Tn\_max=14.660-0.150Tw\_q\_max+0.200Tw\_q\_min+0.449Tw\_max+0.434Tw\_min$	0.698
		雨	$Tn\_max=-3.609-0.717Tw\_q\_max-0.275Tw\_q\_min+1.459Tw\_max+1.175Tw\_min$	0.882

表5.20 温室内相对湿度预报模型

温室结构	季节	天气型	模型	R
复合墙结构	春季	晴	$Hn\_avg=102.557-0.491Tw\_q\_max+0.035Tw\_q\_min-0.840Tw\_max+0.612Tw\_min$	0.613
		多云	$Hn\_avg=104.640-1.011Tw\_q\_max-0.575Tw\_q\_min+0.115Tw\_max+0.429Tw\_min$	0.755
		阴	$Hn\_avg=102.963+0.059Tw\_q\_max+0.683Tw\_q\_min-1.035Tw\_max-0.129Tw\_min$	0.579
		雨	$Hn\_avg=102.005+0.200Tw\_q\_max+0.392Tw\_q\_min-0.770Tw\_max-0.516Tw\_min$	0.633
	夏季	晴	$Hn\_avg=96.522-0.545Tw\_q\_max+0.490Tw\_q\_min-1.004Tw\_max+1.195Tw\_min$	0.465
		多云	$Hn\_avg=99.840-1.097Tw\_q\_max-0.318Tw\_q\_min-0.094Tw\_max+1.481Tw\_min$	0.562
		阴	$Hn\_avg=104.464-0.832Tw\_q\_max+0.632Tw\_q\_min-0.819Tw\_max+0.885Tw\_min$	0.502
		雨	$Hn\_avg=104.746-0.203Tw\_q\_max+0.456Tw\_q\_min-1.183Tw\_max+0.800Tw\_min$	0.641

续表

温室结构	季节	天气型	模型	R
复合墙结构	秋季	晴	$Hn\_avg=92.600-0.238Tw\_q\_max-0.169Tw\_q\_min-0.404Tw\_max+0.123Tw\_min$	0.399
		多云	$Hn\_avg=101.264-1.115Tw\_q\_max-0.312Tw\_q\_min+0.022Tw\_max+1.069Tw\_min$	0.498
		阴	$Hn\_avg=99.570-0.116Tw\_q\_max+0.114Tw\_q\_min-0.310Tw\_max-0.207Tw\_min$	0.558
		雨	$Hn\_avg=101.958+0.164Tw\_q\_max+0.072Tw\_q\_min-0.957Tw\_max+0.417Tw\_min$	0.587
	冬季	晴	$Hn\_avg=95.419-0.180Tw\_q\_max-0.018Tw\_q\_min-0.510Tw\_max+0.398Tw\_min$	0.398
		多云	$Hn\_avg=94.036-0.267Tw\_q\_max-0.010Tw\_q\_min-0.127Tw\_max+0.012Tw\_min$	0.444
		阴	$Hn\_avg=97.837-0.667Tw\_q\_max+0.018Tw\_q\_min-0.097Tw\_max+0.256Tw\_min$	0.403
		雪	$Hn\_avg=99.533-0.077Tw\_q\_max+0.016Tw\_q\_min+0.106Tw\_max-0.019Tw\_min$	0.317
土墙结构	春季	晴	$Hn\_avg=96.200-0.355Tw\_q\_max+0.042Tw\_q\_min-0.761Tw\_max+0.532Tw\_min$	0.656
		多云	$Hn\_avg=93.241+0.506Tw\_q\_max+0.672Tw\_q\_min-986Tw\_max-0.914Tw\_min$	0.886
		阴	$Hn\_avg=88.482-0.165Tw\_q\_max+0.570Tw\_q\_min+0.466Tw\_max-1.256Tw\_min$	0.769
		雨	$Hn\_avg=93.501+1.271Tw\_q\_max-0.483Tw\_q\_min-3.147Tw\_max+3.145Tw\_min$	0.865
	夏季	晴	$Hn\_avg=109.983-1.165Tw\_q\_max+0.781Tw\_q\_min-1.092Tw\_max+0.962Tw\_min$	0.577
		阴	$Hn\_avg=128.394-1.230Tw\_q\_max-0.576Tw\_q\_min-2.351Tw\_max+3.335Tw\_min$	0.923
		雨	$Hn\_avg=105.874+0.411Tw\_q\_max+0.116Tw\_q\_min-1.676Tw\_max+0.695Tw\_min$	0.788
	秋季	晴	$Hn\_avg=86.473-0.360Tw\_q\_max-0.333Tw\_q\_min-0.479Tw\_max+0.431Tw\_min$	0.742
		多云	$Hn\_avg=74.264+1.492Tw\_q\_max+0.018Tw\_q\_min-0.954Tw\_max-0.399Tw\_min$	0.730
		阴	$Hn\_avg=93.135+0.074Tw\_q\_max-0.250Tw\_q\_min-0.647Tw\_max+0.170Tw\_min$	0.826
		雨	$Hn\_avg=85.584+0.144Tw\_q\_max+0.453Tw\_q\_min+0.393Tw\_max-1.088Tw\_min$	0.951
	冬季	晴	$Hn\_avg=89.243-0.129Tw\_q\_max+0.057Tw\_q\_min-0.167Tw\_max+0.250Tw\_min$	0.288
		多云	$Hn\_avg=86.956+0.519Tw\_q\_max-0.290Tw\_q\_min-0.522Tw\_max+0.063Tw\_min$	0.880
		阴	$Hn\_avg=95.081-0.074Tw\_q\_max+0.007Tw\_q\_min-0.351Tw\_max+0.262Tw\_min$	0.607
冷棚	5-8月	多云	$Hn\_avg=48.219+0.609Tw\_q\_max-0.313Tw\_q\_min-0.578Tw\_max+2.031Tw\_min$	0.698
		阴	$Hn\_avg=39.124-1.352Tw\_q\_max-0.762Tw\_q\_min+2.317Tw\_max+1.818Tw\_min$	0.758
		雨	$Hn\_avg=90.627-0.744Tw\_q\_max+0.265Tw\_q\_min+0.038Tw\_max+0.808Tw\_min$	0.352

（2）考虑因子不容易获得情况

考虑更多因子建立多因子预报模型，详见表5.21~表5.23。在前面容易获得的因子的基础上，继续引进温室内前一日最低气温、最低气温和平均相对湿度。Tn_q_max 为温室内前一日的最高气温，Tn_q_min 为前一日温室内最低气温。

表5.21　温室内最低气温预报模型

温室结构	季节	天气型	模型	R
复合墙结构	春季	晴	$Tn\_min=-0.187+0.118Tn\_q\_max+0.744Tn\_q\_min-0.015Tw\_q\_max-0.296Tw\_q\_min+0.304Tw\_min$	0.856
		多云	$Tn\_min=2.674-0.003Tn\_q\_max+0.632Tn\_q\_min+0.117Tw\_q\_max-0.218Tw\_q\_min+0.249Tw\_min$	0.897
		阴	$Tn\_min=1.920-0.010Tn\_q\_max+0.612Tn\_q\_min+0.127Tw\_q\_max-0.375Tw\_q\_min+0.465Tw\_min$	0.923
		雨	$Tn\_min=2.605-0.014Tn\_q\_max+0.557Tn\_q\_min-0.034Tw\_q\_max-0.191Tw\_q\_min+0.583Tw\_min$	0.945
	夏季	晴	$Tn\_min=0.400+0.003Tn\_q\_max+0.838Tn\_q\_min+0.022Tw\_q\_max+0.620Tw\_q\_min+0.725Tw\_min$	0.954
		多云	$Tn\_min=0.842+0.034Tn\_q\_max+0.600Tn\_q\_min-0.008Tw\_q\_max-0.545Tw\_q\_min+0.861Tw\_min$	0.942
		阴	$Tn\_min=-0.060+0.129Tn\_q\_max+0.675Tn\_q\_min-0.132Tw\_q\_max-0.550Tw\_q\_min+0.866Tw\_min$	0.966
		雨	$Tn\_min=-0.257+0.054Tn\_q\_max+0.581Tn\_q\_min+0.014Tw\_q\_max-0.356Tw\_q\_min+0.710Tw\_min$	0.935
	秋季	晴	$Tn\_min=-0.524+0.072Tn\_q\_max+0.868Tn\_q\_min+0.002Tw\_q\_max-0.410Tw\_q\_min+0.400Tw\_min$	0.911
		多云	$Tn\_min=0.773+0.058Tn\_q\_max+0.718Tn\_q\_min-0.039Tw\_q\_max-0.244Tw\_q\_min+0.469Tw\_min$	0.908
		阴	$Tn\_min=2.235+0.108Tn\_q\_max+0.555Tn\_q\_min-0.056Tw\_q\_max-0.285Tw\_q\_min+0.460Tw\_min$	0.870
		雨	$Tn\_min=0.310+0.075Tn\_q\_max+0.673Tn\_q\_min-0.008Tw\_q\_max-0.337Tw\_q\_min+0.553Tw\_min$	0.888
	冬季	晴	$Tn\_min=0.102+0.060Tn\_q\_max+0.85Tn\_q\_min+0.010Tw\_q\_max-0.126Tw\_q\_min+0.162Tw\_min$	0.974
		多云	$Tn\_min=3.134+0.095Tn\_q\_max+0.675Tn\_q\_min-0.124Tw\_q\_max+0.057Tw\_q\_min+0.174Tw\_min$	0.915
		阴	$Tn\_min=0.401+0.066Tn\_q\_max+0.817Tn\_q\_min-0.129Tw\_q\_max-0.009Tw\_q\_min+0.091Tw\_min$	0.920
		雪	$Tn\_min=2.223-0.167Tn\_q\_max+0.690Tn\_q\_min+0.175Tw\_q\_max-0.257Tw\_q\_min+0.105Tw\_min$	0.934
土墙结构	春季	晴	$Tn\_min=6.859+0.047Tn\_q\_max+0.421Tn\_q\_min-0.016Tw\_q\_max-0.232Tw\_q\_min+0.221Tw\_min$	0.578
		多云	$Tn\_min=1.151+0.056Tn\_q\_max+0.450Tn\_q\_min+0.075Tw\_q\_max0.080Tw\_q\_min+0.210Tw\_min$	0.881

续表

温室结构	季节	天气型	模型	R
土墙结构	春季	阴	$Tn\_min=31.137-0.174Tn\_q\_max-0.914Tn\_q\_min+0.200Tw\_q\_max-0.297Tw\_q\_min+0.206Tw\_min$	0.830
		雨	$Tn\_min=-4.654-0.100Tn\_q\_max+0.140Tn\_q\_min-0.148Tw\_q\_max+0.040Tw\_q\_min+0.696Tw\_min$	0.999
	夏季	晴	$Tn\_min=3.973+0.017Tn\_q\_max+0.404Tn\_q\_min-0.059Tw\_q\_max-0.336Tw\_q\_min+0.758Tw\_min$	0.918
		阴	$Tn\_min=7.756-0.183Tn\_q\_max-0.048Tn\_q\_min-0.201Tw\_q\_max+0.341Tw\_q\_min+0.968Tw\_min$	0.933
		雨	$Tn\_min=-4.019+0.179Tn\_q\_max-0.415Tn\_q\_min-0.161Tw\_q\_max+0.531Tw\_q\_min+0.664Tw\_min$	0.865
	秋季	晴	$Tn\_min=2.101+0.149Tn\_q\_max+0.680Tn\_q\_min-0.166Tw\_q\_max-0.198Tw\_q\_min+0.341Tw\_min$	0.839
		多云	$Tn\_min=14.829-0.726Tn\_q\_max+1.067Tn\_q\_min+0.122Tw\_q\_max+0.055Tw\_q\_min+0.116Tw\_min$	0.908
		阴	$Tn\_min=-11.783+0.656Tn\_q\_max+0.652Tn\_q\_min-0.295Tw\_q\_max+0.146Tw\_q\_min+0.258Tw\_min$	0.828
		雨	$Tn\_min=7.090-1.111Tn\_q\_max+1.217Tn\_q\_min+1.413Tw\_q\_max-2.553Tw\_q\_min+1.129Tw\_min$	0.888
	冬季	晴	$Tn\_min=-4.608+0.130Tn\_q\_max+0.473Tn\_q\_min+0.019Tw\_q\_max-0.057Tw\_q\_min+0.214Tw\_min$	0.939
		多云	$Tn\_min=-2.526+0.228Tn\_q\_max+0.705Tn\_q\_min+0.143Tw\_q\_max+0.018Tw\_q\_min+0.025Tw\_min$	0.916
		阴	$Tn\_min=9.584+0.125Tn\_q\_max-0.010Tn\_q\_min+0.159Tw\_q\_max+0.068Tw\_q\_min+0.048Tw\_min$	0.849
冷棚	5~8月	晴	$Tn\_min=-2.504+0.059Tn\_q\_max+0.454Tn\_q\_min-0.148Tw\_q\_max+0.062Tw\_q\_min+0.597Tw\_min$	0.910
		多云	$Tn\_min=-2.346+0.201Tn\_q\_max+0.201Tn\_q\_min-0.207Tw\_q\_max-0.027Tw\_q\_min+0.898Tw\_min$	0.972
		阴	$Tn\_min=1.317+0.221Tn\_q\_max+0.509Tn\_q\_min-0.264Tw\_q\_max+0.062Tw\_q\_min+0.401Tw\_min$	0.900
		雨	$Tn\_min=-0.589+0.117Tn\_q\_max+0.682Tn\_q\_min-0.062Tw\_q\_max-0.582Tw\_q\_min+0.835Tw\_min$	0.979

表 5.22 温室内最高气温预报模型

温室结构	季节	天气型	模型	R
复合墙结构	春季	晴	$Tn\_max=15.340+0.392Tn\_q\_max+0.076Tn\_q\_min-0.182Tw\_q\_max+0.121Tw\_q\_min+0.363Tw\_max-0.275Tw\_min$	0.643
		多云	$Tn\_max=15.036+0.344Tn\_q\_max+0.160Tn\_q\_min-0.313Tw\_q\_max-0.007Tw\_q\_min+0.393Tw\_max+0.058Tw\_min$	0.606
		阴	$Tn\_max=-5.108+0.610Tn\_q\_max+0.743Tn\_q\_min-0.518Tw\_q\_max+0.391Tw\_q\_min+0.938Tw\_max-0.592Tw\_min$	0.780
		雨	$Tn\_max=3.946+0.533Tn\_q\_max+0.070Tn\_q\_min-0.497Tw\_q\_max-0.072Tw\_q\_min+0.625Tw\_max+0.568Tw\_min$	0.782
	夏季	晴	$Tn\_max=4.444+0.565Tn\_q\_max+0.081Tn\_q\_min-0.567Tw\_q\_max+0.065Tw\_q\_min+0.850Tw\_max-0.058Tw\_min$	0.766
		多云	$Tn\_max=1.252+0.792Tn\_q\_max+0.094Tn\_q\_min-0.904Tw\_q\_max+0.119Tw\_q\_min+0.997Tw\_max-0.075Tw\_min$	0.870
		阴	$Tn\_max=7.113+0.456Tn\_q\_max-0.025Tn\_q\_min-0.661Tw\_q\_max+0.029Tw\_q\_min+0.956Tw\_max+0.047Tw\_min$	0.856
		雨	$Tn\_max=2.128+0.693Tn\_q\_max+0.369Tn\_q\_min-0.776Tw\_q\_max-0.117Tw\_q\_min+1.095Tw\_max-0.326Tw\_min$	0.900
	秋季	晴	$Tn\_max=14.921+0.302Tn\_q\_max+0.384Tn\_q\_min-0.086Tw\_q\_max+0.010Tw\_q\_min+0.205Tw\_max-0.182Tw\_min$	0.618
		多云	$Tn\_max=14.068+0.257Tn\_q\_max+0.392Tn\_q\_min-0.336Tw\_q\_max+0.047Tw\_q\_min+0.482Tw\_max-0.156Tw\_min$	0.653
		阴	$Tn\_max=9.147+0.364Tn\_q\_max+0.140Tn\_q\_min-0.322Tw\_q\_max+0.166Tw\_q\_min+0.526Tw\_max-0.116Tw\_min$	0.584
		雨	$Tn\_max=8.419+0.019Tn\_q\_max+0.598Tn\_q\_min-0.348Tw\_q\_max-0.210Tw\_q\_min+0.924Tw\_max-0.114Tw\_min$	0.777
	冬季	晴	$Tn\_max=14.841+0.369Tn\_q\_max+0.497Tn\_q\_min+0.011Tw\_q\_max+0.102Tw\_q\_min+0.087Tw\_max-0.144Tw\_min$	0.615
		多云	$Tn\_max=15.730+0.295Tn\_q\_max+0.601Tn\_q\_min-0.195Tw\_q\_max+0.178Tw\_q\_min+0.106Tw\_max+0.181Tw\_min$	0.774
		阴	$Tn\_max=9.538+0.177Tn\_q\_max+0.292Tn\_q\_min-0.267Tw\_q\_max+0.333Tw\_q\_min+0.576Tw\_max-0.406Tw\_min$	0.502
		雪	$Tn\_max=-5.037-0.523Tn\_q\_max+1.768Tn\_q\_min+1.309Tw\_q\_max-1.244Tw\_q\_min+0.119Tw\_max-0.276Tw\_min$	0.826
土墙结构	春季	晴	$Tn\_max=29.303+0.327Tn\_q\_max-0.441Tn\_q\_min-0.248Tw\_q\_max+0.227Tw\_q\_min+0.211Tw\_max-0.155Tw\_min$	0.529
		多云	$Tn\_max=15.789+0.312Tn\_q\_max+0.284Tn\_q\_min-0.510Tw\_q\_max-0.618Tw\_q\_min+0.819Tw\_max+0.070Tw\_min$	0.725

续表

温室结构	季节	天气型	模型	R
土墙结构	春季	阴	Tn_max=56.402+0.224Tn_q_max−1.283Tn_q_min+0.409Tw_q_max+0.519Tw_q_min+0.816Tw_min	0.910
		雨	Tn_max=12.629−0.096Tn_q_max+0.744Tn_q_min+0.172Tw_q_max+0.010Tw_q_min+0.486Tw_min	0.993
	夏季	晴	Tn_max=19.246+0.051Tn_q_max+0.169Tn_q_min−0.107Tw_q_max+0.012Tw_q_min+0.074Tw_min	0.592
		阴	Tn_max=−6.920+0.454Tn_q_max+1.833Tn_q_min−0.193Tw_q_max+0.976Tw_q_min+0.858Tw_min	0.962
		雨	Tn_max=2.018+0.775Tn_q_max−0.299Tn_q_min−1.138Tw_q_max+0.816Tw_q_min−0.041Tw_min	0.904
	秋季	晴	Tn_max=25.382+0.171Tn_q_max+0.105Tn_q_min−0.193Tw_q_max−0.001Tw_q_min+1.087Tw_min	0.466
		多云	Tn_max=37.843−0.334Tn_q_max+0.043Tn_q_min−0.029Tw_q_min+0.119Tw_max−0.125Tw_min	0.942
		阴	Tn_max=16.355−0.239Tn_q_max+0.105Tn_q_min−0.323Tw_q_max−0.345Tw_q_min+1.661Tw_max−0.403Tw_min	0.931
		雨	Tn_max=15.162+0.388Tn_q_max+0.386Tn_q_min+0.485Tw_q_max+0.604Tw_q_min−0.949Tw_max−0.409Tw_min	1.000
	冬季	晴	Tn_max=32.756−0.075Tn_q_max−0.177Tn_q_min+0.024Tw_q_max−0.069Tw_q_min+0.168Tw_max−0.331Tw_min	0.419
		多云	Tn_max=62.029−0.565Tn_q_max−0.693Tn_q_min+0.772Tw_q_max+1.339Tw_q_min−1.664Tw_max−0.039Tw_min	0.861
		阴	Tn_max=30.250+0.067Tn_q_max−0.977Tn_q_min+0.636Tw_q_max+1.588Tw_q_min+0.281Tw_max−0.905Tw_min	0.509
冷棚	5—8月	晴	Tn_max=14.123+0.531Tn_q_max−0.090Tn_q_min−0.378Tw_q_max+0.152Tw_q_min−0.422Tw_max+0.052Tw_min	0.794
		多云	Tn_max=3.728−0.561Tn_q_max+0.202Tn_q_min−0.564Tw_q_max+0.055Tw_q_min+0.699Tw_max+0.131Tw_min	0.953
		阴	Tn_max=9.492+0.348Tn_q_max+0.350Tn_q_min−0.487Tw_q_max−0.150Tw_q_min+0.535Tw_max+0.300Tw_min	0.824
		雨	Tn_max=−3.467−0.265Tn_q_max−0.062Tn_q_min−0.567Tw_q_max−0.257Tw_q_min+1.609Tw_max+1.261Tw_min	0.888

表 5.23 温室内相对湿度预报模型

温室结构	季节	天气型	模型	R
复合墙结构	春季	晴	$Hn\_avg=14.928+0.244Tn\_q\_min+0.202Tn\_q\_max-0.285Tn\_q\_max-0.204Tw\_q\_avg-0.537Tw\_q\_min+0.814Hn\_q\_min+0.427Tw\_min$	0.883
		多云	$Hn\_avg=35.281+0.038Tn\_q\_max-0.014Tn\_q\_max-0.327Tw\_q\_avg-0.302Tw\_q\_min+0.646Hn\_q\_min+0.138Tw\_min$	0.928
		阴	$Hn\_avg=97.042-0.243Tn\_q\_max-0.435Tn\_q\_max-0.676Tw\_q\_avg+0.168Hn\_q\_min+0.058Tw\_min$	0.767
		雨	$Hn\_avg=53.211-0.176Tn\_q\_min+0.413Tn\_q\_max+0.696Tw\_q\_max-1.067Tw\_q\_avg-0.431Tw\_q\_min+0.493Hn\_q\_min+0.465Tw\_min$	0.804
	夏季	晴	$Hn\_avg=2.728-0.035Tn\_q\_max-0.378Tn\_q\_min+1.306Tw\_q\_max-0.161Tw\_q\_avg+1.070Tw\_q\_min+0.910Hn\_q\_min+0.412Tw\_min$	0.885
		多云	$Hn\_avg=9.282+0.169Tn\_q\_max-0.165Tn\_q\_min+1.075Tw\_q\_max+1.068Tw\_q\_avg-0.785Tw\_q\_min+0.881Hn\_q\_min-0.526Tw\_min$	0.874
		阴	$Hn\_avg=27.228-0.100Tn\_q\_max-0.199Tn\_q\_max+1.004Tw\_q\_max+0.137Tw\_q\_avg-1.212Tw\_q\_min+0.725Hn\_q\_min+0.541Tw\_min$	0.903
		雨	$Hn\_avg=57.027+0.009Tn\_q\_max-0.190Tn\_q\_max+0.592Tw\_q\_max0.021Tw\_q\_avg-1.241Tw\_q\_min+0.478Hn\_q\_min+0.666Tw\_min$	0.844
	秋季	晴	$Hn\_avg=27.743+0.092Tn\_q\_max-0.301Tn\_q\_max+0.188Tw\_q\_max-0.004Tw\_q\_avg-0.209Tw\_q\_min+0.665Hn\_q\_min+0.098Tw\_min$	0.734
		多云	$Hn\_avg=6.419+0.154Tn\_q\_max-0.186Tn\_q\_max+0.526Tw\_q\_max-0.300Tw\_q\_avg-0.202Tw\_q\_min+0.878Hn\_q\_min+0.323Tw\_min$	0.874
		阴	$Hn\_avg=36.663+0.238Tn\_q\_max-0.163Tn\_q\_max+0.275Tw\_q\_max-0.622Tw\_q\_avg-0.362Tw\_q\_min+0.604Hn\_q\_min-0.106Tw\_min$	0.892
		雨	$Hn\_avg=92.465-0.099Tn\_q\_max-0.200Tn\_q\_max+0.423Tw\_q\_max-0.044Tw\_q\_avg+0.112Tw\_q\_min-0.871Hn\_q\_min+0.308Tw\_min$	0.650
	冬季	晴	$Hn\_avg=-0.118+0.170Tn\_q\_max-0.208Tn\_q\_max-0.068Tw\_q\_max-0.027Tw\_q\_avg+0.965Tw\_q\_min-0.004Hn\_q\_min-0.172Tw\_min$	0.855
		多云	$Hn\_avg=40.551+0.031Tn\_q\_max-0.301Tn\_q\_max-0.041Tw\_q\_max-0.119Tw\_q\_avg+0.601Hn\_q\_min+0.160Tw\_min$	0.942
		阴	$Hn\_avg=15.313+0.254Tn\_q\_max-0.034Tn\_q\_max+0.095Tw\_q\_max-0.050Tw\_q\_avg+0.814Hn\_q\_min-0.135Tw\_min$	0.975
		雪	$Hn\_avg=45.994+0.224Tn\_q\_max-0.329Tn\_q\_max-0.170Tw\_q\_max-0.174Tw\_q\_avg+0.555Hn\_q\_min-0.050Tw\_min$	0.900
土墙结构	春季	晴	$Hn\_avg=44.293+0.070Tn\_q\_max+0.515Tn\_q\_max-0.038Tw\_q\_max-0.364Tw\_q\_avg-0.439Hn\_q\_min+0.610Tw\_min$	0.744
		多云	$Hn\_avg=65.096-0.606Tn\_q\_max+0.545Tn\_q\_max+0.735Tw\_q\_max-0.383Tw\_q\_avg+0.480Hn\_q\_min-0.853Tw\_min$	0.968

续表

温室结构	季节	天气型	模型	R
土墙结构	春季	阴	Hn_avg=14.563+0.536Tn_q_max−1.325Tn_q_min+0.219Tw_q_min+0.742Hn_q_avg+1.499Tw_max−1.582Tw_min	0.878
		雨	Hn_avg=322.683−5.412Tn_q_max−0.756Tn_q_min+1.277Tw_q_min−0.877Hn_q_avg−2.951Tw_min	1.000
	夏季	晴	Hn_avg=7.504+0.223Tn_q_max−1.351Tn_q_min+0.181Tw_q_min+1.283Hn_q_avg−0.660Tw_max+0.599Tw_min	0.837
		阴	Hn_avg=155.761−1.119Tn_q_max+6.555Tn_q_min+0.044Tw_q_min−2.654Hn_q_avg−9.128Tw_max+5.661Tw_min	0.997
		雨	Hn_avg=65.654+0.465Tn_q_max−1.843Tn_q_min+0.351Tw_q_min+0.856Hn_q_avg−1.216Tw_max+0.075Tw_min	0.919
	秋季	晴	Hn_avg=28.177+0.188Tn_q_max+0.615Tn_q_min−0.092Tw_q_min−0.697Hn_q_avg−0.079Tw_max+0.436Tw_min	0.890
		多云	Hn_avg=−97.342+3.698Tn_q_max−1.528Tn_q_min−0.433Tw_q_min−0.607Hn_q_avg+1.434Tw_min	1.000
		阴	Hn_avg=38.273+0.511Tn_q_max+0.479Tn_q_min+0.392Tw_q_min−0.187Hn_q_avg−0.592Tw_max−0.117Tw_min	0.912
		雨	Hn_avg=87.079+0.036Tn_q_max+0.590Tn_q_min+0.684Tw_q_min−0.036Hn_q_avg−0.180Tw_max−0.580Tw_min	1.000
	冬季	晴	Hn_avg=67.268+0.035Tn_q_max−0.121Tn_q_min−0.029Tw_q_min−0.033Hn_q_avg−0.099Tw_max+0.176Tw_min	0.365
		多云	Hn_avg=446.570−2.202Tn_q_max−1.331Tn_q_min−0.514Tw_q_min+1.283Hn_q_avg−0.699Tw_max−0.372Tw_min	1.000
		阴	Hn_avg=−43.264+0.047Tn_q_max+0.014Tn_q_min+0.616Tw_q_min−0.096Hn_q_avg+0.526Tw_max−0.035Tw_min	0.911
冷棚	5—8月	多云	Hn_avg=15.225+0.248Tn_q_max+1.254Tn_q_min+0.516Tw_q_min−1.578Hn_q_avg+0.634Tw_max−0.390Tw_min	0.923
		阴	Hn_avg=34.590−0.236Tn_q_max+0.761Tn_q_min−0.435Tw_q_min−0.923Hn_q_avg+0.195Tw_max+1.466Tw_max−0.933Tw_min	0.829
		雨	Hn_avg=54.068+1.246Tn_q_max+0.735Tn_q_min−0.296Tw_q_min+0.505Hn_q_avg−0.281Tw_max−0.933Tw_min−1.239Tw_min	0.850

5.3　小气候预报模型拟合检验

利用用于建模的数据对建立的预报模型进行拟合检验，准确率结果如表5.24、表5.25所示。

表5.24　温度≤1 ℃准确率和相对湿度≤5%准确率

季节	天气型	最低气温			最高气温				相对湿度		
		单因子	容易预报	不容易预报	单因子	二因子	容易预报	不容易预报	单因子	容易预报	不容易预报
春季	晴	21	22	44	19	20	17	25	41	47	65
	多云	36	22	44	15	16	22	22	56	48	80
	阴	20	26	49	20	22	28	26	65	72	81
	雨	28	27	49	26	28	20	24	74	67	78
夏季	晴	41	47	74	29	30	30	47	47	39	73
	多云	59	53	76	24	22	25	37	57	57	84
	阴	52	56	75	37	37	45	52	65	52	84
	雨	62	58	79	27	30	26	28	59	66	81
秋季	晴	23	24	55	20	19	21	26	27	38	63
	多云	22	18	43	18	24	30	20	50	50	66
	阴	23	25	45	12	9	14	17	56	67	91
	雨	24	21	36	15	21	22	18	55	68	72
冬季	晴	26	27	76	11	11	11	15	76	68	93
	多云	21	24	73	19	9	7	20	98	83	100
	阴	40	38	73	15	13	8	18	84	77	100
	雨	44	57	93	25	19	7	7	94	100	100

表5.25　温度≤2 ℃准确率和相对湿度≤10%准确率

季节	天气型	最低气温			最高气温				相对湿度		
		单因子	容易预报	不容易预报	单因子	二因子	容易预报	不容易预报	单因子	容易预报	不容易预报
春季	晴	45	44	80	38	41	39	48	67	77	90
	多云	49	52	74	38	42	34	34	82	82	100

续表

季节	天气型	最低气温			最高气温				相对湿度		
		单因子	容易预报	不容易预报	单因子	二因子	容易预报	不容易预报	单因子	容易预报	不容易预报
春季	阴	57	56	74	29	29	33	47	94	95	95
	雨	63	62	80	41	41	44	56	91	93	93
夏季	晴	72	72	96	59	56	56	73	79	73	96
	多云	78	86	90	51	51	47	75	88	90	100
	阴	85	81	97	68	66	73	74	89	79	100
	雨	87	89	93	54	56	56	62	88	91	99
秋季	晴	43	44	82	36	36	37	44	58	72	92
	多云	36	27	75	34	40	43	45	76	84	98
	阴	45	53	73	33	32	27	33	88	92	100
	雨	45	40	68	29	43	46	46	92	94	95
冬季	晴	51	56	94	23	24	23	34	98	99	100
	多云	42	54	88	30	26	32	34	100	100	100
	阴	66	65	88	26	26	25	30	97	97	100
	雨	88	100	100	31	25	43	57	100	100	100

从表5.24和表5.25可以看出，温度≤2 ℃准确率和相对湿度≤10%准确率明显高于温度≤1 ℃准确率和相对湿度≤5%准确率。对于3种要素准确率：相对湿度>最低气温>最高气温。对于引入因子越多准确率越高：不容易预报>容易预报>单因子预报。对于4个季节准确率最低气温：夏季>冬季>春季>秋季；最高气温：夏季>春季>秋季>冬季；相对湿度：冬季>夏季>春季>秋季。对于不同天气型准确率，最低气温：雨雪天>阴天>晴天>多云天，最高气温：雨雪天>多云天>晴天>阴天；相对湿度：雨雪天>多云天>阴天>晴天。

6

设施农业灾害性天气预报技术

根据东北地区经常发生的低温冻害、连阴寡照、大风掀棚、暴雪垮棚气象灾害判别指标，研究灾害性天气预报方法。制作相应的气象灾害预报预警的主要技术路线是综合运用各种观测资料和再分析资料，以天气分析、诊断分析、统计分析的研究方法，归纳东北地区4种设施农业气象灾害的发生发展特点和规律，总结预报技术方法，建立客观预报模型。

6.1　低温冻害预报技术

6.1.1　低温冻害定义

根据试验得出的温室内低温冻害指标和温室内外气象要素对应关系，得出温室外低温冻害指标，以此为预报对象来进行低温冻害预报方法的研究（表6.1）。

表6.1　温室外低温冻害指标	
灾害等级	指标阈值
轻	-25 ℃<最低气温≤-20 ℃。
中	-30 ℃<最低气温≤-25 ℃。
重	最低气温≤-30 ℃。

6.1.2　东北地区低温冻害气候特征

利用1961—2013年东北地区最低气温观测资料，统计东北地区≤-20 ℃的时空分布。东北地区各站常年平均低温冻害次数见图6.1。东北地区的最低气温≤-20 ℃自东南部向北逐渐增多，南北梯度较大，辽宁东南部沿海的大连地区多年平均不足1次，而黑龙江的呼玛和孙吴地区多年平均达107次。辽宁多年平均为40次左右，吉林多年平均为30~60次，黑龙江多年平均为60~110次。

东北地区低温冻害次数频次逐月变化特征分析见图6.2。由图6.2可以看出，东北地区低温冻害事件频次逐月变化情况最多的月是1月，达17.9次；其次是12月和2月，分别为12.5次和11.2次；3月和11月分别为2.5次和2.4次；4月和10月不足1次；5—9月没有低温冻害事件发生。从各月所占比例看，1月、2月和12月之和占89.4%，其中，1月占38.5%。

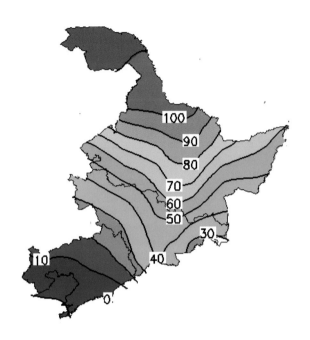

图6.1　东北地区常年平均低于-20 ℃次数空间分布

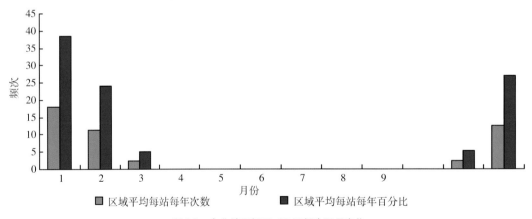

图6.2　东北地区低于-20 ℃频次逐月变化

从东北地区低于-20℃频次逐年变化及趋势（图6.3）可以看出，东北地区低温冻害次数年际变化较大。1969年次数最多，为69次；2007年最少，只有19.6次。相差3.5倍。从线性趋势变化可以发现，低温冻害次数呈显著减少趋势，为3.2次/10 a。

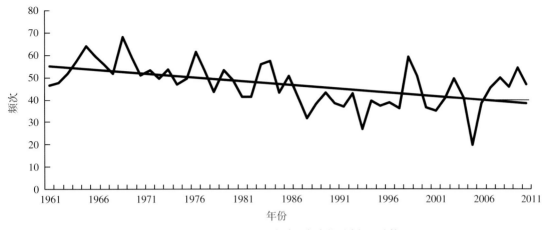

图6.3 东北地区低于-20 ℃频次逐年变化（次）及趋势图

6.1.3 低温冻害天气条件分析

选取2次典型的低温冻害过程，对其天气实况及强降温期间天气形势进行分析。

6.1.3.1 2008年12月3—6日建平县低温冻害过程

（1）温度实况

如图6.4所示，从12月3日起，辽宁省建平县出现强降温天气，4日最低气温较3日下降13 ℃，达-17 ℃，且降温持续，到6日最低气温达-24 ℃。

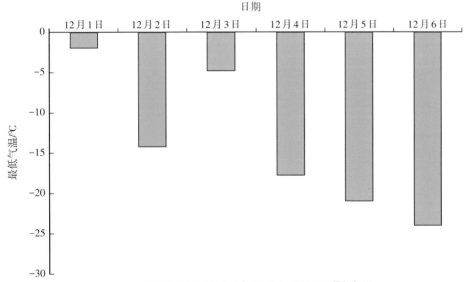

图6.4 建平县2008年12月1—6日逐日最低气温

（2）天气形势特点

分析降温幅度最大当日的高、低空形势，如图6.5所示。13日14时500 hPa极涡分裂南下，位于西伯利亚，亚洲中纬度地区受宽广的深槽控制，槽后乌拉尔山高压脊加强，冷空气中心达-52～-48 ℃，并且逐渐东移影响东北地区，12月5日08时-48 ℃温度线移动至东北西部地区。

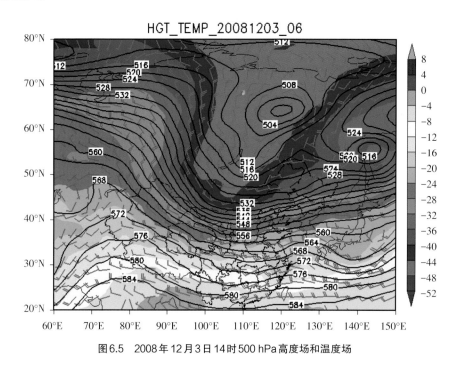

图6.5　2008年12月3日14时500 hPa高度场和温度场

850 hPa图上（图6.6），冷中心位于西伯利亚贝湖背面，强度达−40～−36 ℃，风场与等温线近于垂直，表明冷温度平流很强，且东移影响东北地区，至12月5日02时，−32 ℃温度线控制辽宁西部、北部地区，喀左县出现强降温。

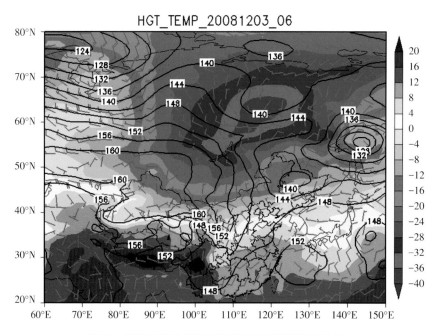

图6.6　2008年12月3日14时850 hPa高度场和温度场

2008年12月3日14时，地面高压中心达1050 hPa（图6.7），已东移南压到辽宁西部，密集的等压线表示地面冷锋和大风都很强，已开始影响辽宁西部，且850 hPa冷温度平流中心东移也将逐渐影响辽宁西部，预示着辽宁西部强降温的开始。

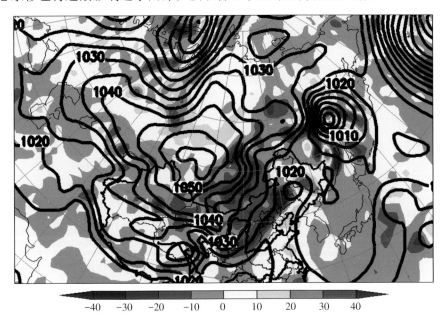

图6.7　2008年12月3日14时海平面气压场和850 hPa温度平流场

6.1.3.2　2010年1月4—6日喀左县低温冻害过程

（1）温度实况

如图6.8所示，从2009年12月29日起，喀左县开始出现3次降温天气，但是每次降温幅度较小，降温幅度在4~6 ℃，直到5日，最低温度才低于-20 ℃。

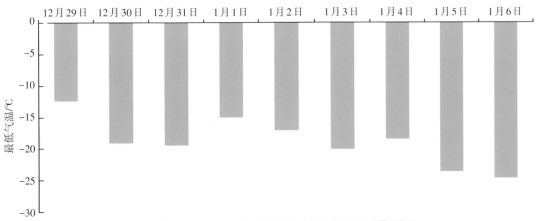

图6.8　喀左县2009年12月29日至2010年1月6日逐日最低气温

（2）天气形势特点

分析降温幅度最大当日的高、低空形势，如图6.9所示。13日14时500 hPa极涡分裂南下，位于西伯利亚东部，槽后乌拉尔山高压脊和鄂霍次克海高压脊加强，亚洲中纬度地区受宽广的深槽控制，环流形式稳定。冷空气中心达-48～-44℃，极涡分裂的冷空气不断旋转南下影响东北地区，直到12月5日08时鄂海高压脊减弱东移，极涡北收，冷空气对东北的影响减弱。

850 hPa图上（图6.10），冷中心位于西伯利亚贝加尔湖北面，中心强度并不强，强度为-32～-28℃，风场与等温线近于垂直，表明冷温度平流作用明显，且东移影响东北地区。从等温线密度看，此次锋区并不是很强，从12月28日20时到翌年1月4日20时辽宁西部出现连续降温，降温幅度达16℃，在辽宁西部形成-32℃冷中心。

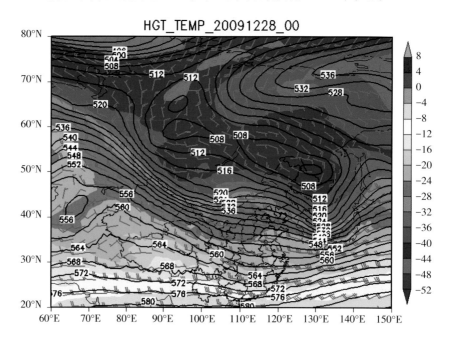

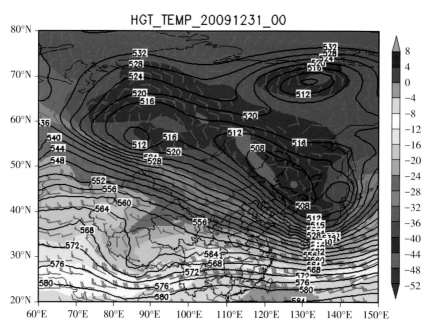

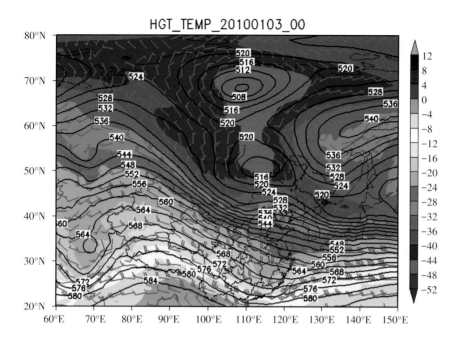

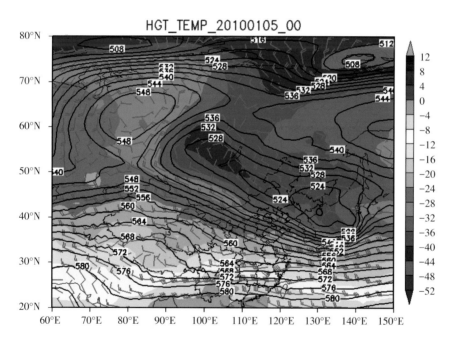

图6.9 2009年12月28日至2010年1月5日08时500 hPa高度场和温度场

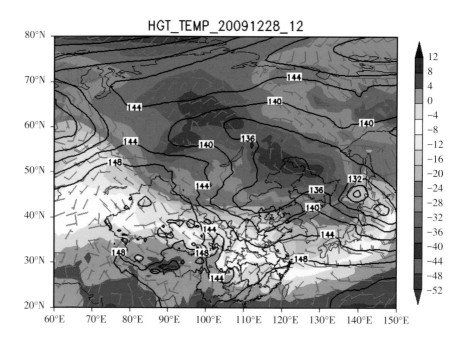

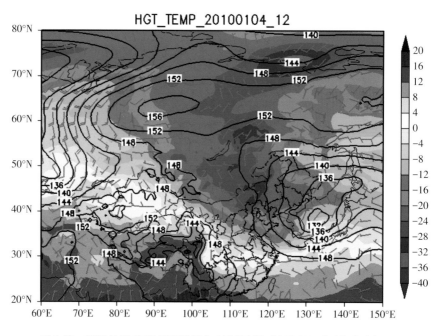

图6.10　2009年12月28日至2010年1月4日20时850 hPa高度场和度场

从2010年1月2日08时海平面气压场（图6.11）看，地面高压中心分裂为两个，强度都为1 037.5 hPa。其前沿冷锋已东移南压到辽宁西部，等压线并不是十分密集，表示地面冷锋和大风并不强，已开始影响辽宁西部，且850 hPa冷温度平流中心东移也逐渐影响辽宁西部，表明此次降温为冷空气不断补充南下，地面冷高压扩散性地影响东北。

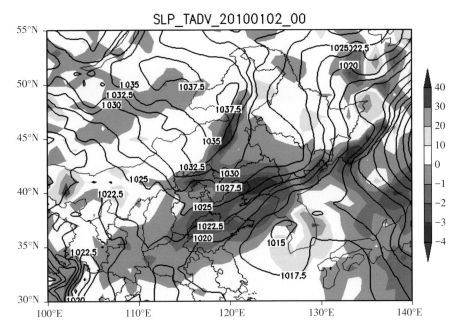

图6.11　2010年1月2日08时海平面气压场和850 hPa温度平流场

6.1.4　低温冻害天气学分型及物理量预报指标

6.1.4.1　低温冻害天气学分型

低温冻害通常是由冷空气活动造成的，冷空气活动与中高纬度地区对流层中上层的环流形势关系较为密切，针对低温冻害个例500 hPa环流形势对低温冻害天气进行了天气学分型，主要分为以下两个类型，如图6.12所示。

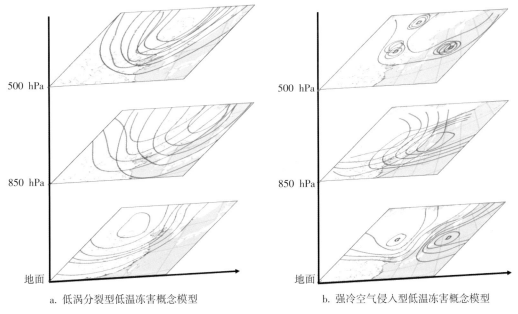

a. 低涡分裂型低温冻害概念模型　　　　　　b. 强冷空气侵入型低温冻害概念模型

图6.12　低温冻害天气学分型

低涡分裂型低温冻害概念模型的低温冻害通常500 hPa上在西西伯利亚和鄂霍次克海地区阻塞高压建立，极地到东北地区为低压带，极地冷空气沿高压前部源源不断补充南下，造成辽宁地区出现持续的低温冻害，对应地面形势场上仍为浅薄的冷高压控制，并且随着冷高压缓慢东移。这种类型低温冻害的特点是持续时间长。

强冷空气侵入型低温冻害概念模型的低温冻害通常对应较强的冷空气活动，其特点是无阻塞高压影响，低温冻害由单次的冷空气影响造成，而非多次冷空气活动造成，对辽宁地区的影响持续时间较短，冷空气东移速度快。对应地面同样是受浅薄的冷高压控制，且冷高压的移动速度较快。

6.1.4.2　低温冻害灾害性天气物理量阈值范围

物理量诊断分为气压场、风场、温度场3个方面进行：

气压场条件：海平面气压。

风场条件：1 000 hPa风场、850 hPa风场、500 hPa风场。

温度场条件：850 hPa温度、850 hPa变温、500 hPa冷中心强度、200 hPa与1 000 hPa高度差。

根据低温冻害落区，分析低温冻害发生时各种物理量共性特征，统计各种物理量的阈值范围（表6.2）。

表6.2　低温冻害物理量特征

日期	海平面气压/hPa	1 000 hPa风场	850 hPa风场/(m·s⁻¹)	500 hPa风场/(m·s⁻¹)	850 hPa温度/℃	850 hPa变温/℃	500 hPa冷中心强度/℃	200 hPa与1 000 hPa高度差/hPa
2000-12-25	1 032	西北风1~3级	—	—	−24~−20	—	−48	—
2001-01-10	1 023	北风1~4级	—	—	−24~−20	—	−48	—
2002-12-26	1 038	西北风1~4级	西北风12~14	西北风16~18	−20~−16	0~5	−38	1 100~1 112
2003-01-01	1 037	北到西北风1~3级	西北风12~14	西北风26~36	−20~−16	0~2	−43	1 104~1 120
2003-01-29	1 032	西北风1~3级	西北风12~16	西北风22~46	−28~−24	−6~−4	−45	1 1000~1 112
2004-01-22	1 030	西北风1~3级	西北风12	西北风20~36	−28~−24	0~8	−46	1 090~1 100
2004-12-21	1 034	北风1~2级	西北风12~14	西北风32~42	−32~−28	0~5	−50	1 112~1 125
2005-01-10	1 031	西北风2~4级	西北风12~14	西北风24~32	−20~−16	0~5	−43	1 104~1 120
2005-02-11	1 037	西到西北风2~3级	西北风12~14	西北风20~26	−22~−18	−1~2	−46	1 108~1 120

续表

日期	海平面气压/hPa	1 000 hPa风场	850 hPa风场/(m·s⁻¹)	500 hPa风场/(m·s⁻¹)	850 hPa温度/℃	850 hPa变温/℃	500 hPa冷中心强度/℃	200 hPa与1 000 hPa高度差/hPa
2006-01-18	1 035	北风1~3级	西北风8~10	西北风28~32	−16~−12	0~3	−49	1 112~1 130
2006-02-03	1 049	西北风1~4级	西北风12~14	西北风20~44	−32~−28	−14~−10	−46	1 092~1 112
2008-01-14	1 041	—	—	—	−22~−18	2~5	−46	1 108~1 124
2009-02-17	1 037	—	—	—	−20~−18	0~5	−42	1 108~1 128
2009-12-31	1 030	西到西北风2~3级	西北风12~20	西北风26~40	−26~−22	−10~−1	−44	1 092~1 112
2010-01-12	1 030	西到西北风1~3级	西到西北风8~12	西到西北风8~16	−24~−20	−12~−9	−44	1 092~1 100
2010-02-03	1 032	西到西北风2~3级	西北风12~16	西北风20~38	−26~−20	−5~−1	−48	1 088~1 104
2011-01-05	1 030	西北风2~3级	西北风12~16	无急流	−20~−16	−5~−3	−50	1 108~1 121
2011-01-16	1 038	西北风1~5级	西北风12~20	北风20~26	−28~−24	−2~0	−44	1 088~1 104
综合	1 023~1 049	1~5级	8~20	8~46	−32~−12	−12~5	−38~−50	8~20

6.1.5　低温冻害灾害性天气客观预报产品

利用2012—2013年1—12月欧洲中心模式预报资料和最低气温实况资料，通过线性回归方法，建立回归方程。

低温冻害方程：$Y=0.521X_1+0.237X_2+0.403X_3-3.850$

式中，X_1为最低温度，X_2为总云量，X_3为10 m风速。

依据欧洲中心数值预报产品，每天08时、20时自动生成72 h时效、24 h间隔的温度定量预报产品，根据冻害指标在预报平台中自动生成低温冻害预警服务产品，如图6.13所示。

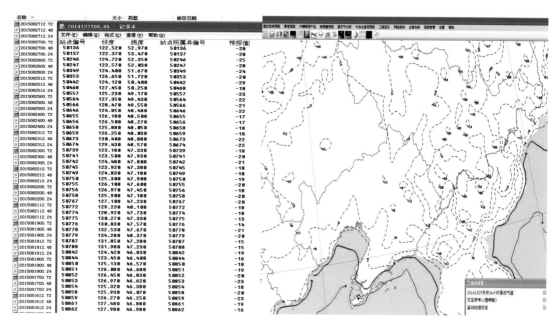

图6.13　东北地区最低气温客观预报产品

6.2　连阴寡照预报技术

6.2.1　连阴寡照定义

根据前面研究得出的连阴寡照指标（表6.3），按日照时数进行定义，以此为预报对象，开展研究工作。

表6.3　连阴寡照指标		
寡照 灾害等级	黄瓜、茄子	番茄、甜椒
无	2 d无日照	3 d无日照
轻	连续2 d无日照，或连续3 d中有2 d无日照，另1 d日照时数<3 h	连续3 d无日照，或连续4 d中有3 d无日照，另1 d日照时数<3 h
中	连续4～7 d无日照，或逐日日照时数<3 h连续7 d以上	连续5～7 d无日照，或逐日日照时数<3 h连续7 d以上
重	连续无日照日数>7 d，或逐日日照时数<3 h连续10 d以上	连续无日照日数>7 d，或逐日日照时数<3 h连续10 d以上

6.2.2　东北地区连阴寡照气候特征

利用1961—2013年东北地区的日照时数观测资料，统计东北地区连续3 d无日照的时空分布。东北地区各站常年平均阴雨寡照次数见图6.14。东北地区的阴雨寡照梯度较大，呈东多西少趋势，东北西部地区多年平均频次较少，为1.0~1.5次；辽宁频次为1.0~4.5次；吉林频次为1.5~3.0次；黑龙江频次为1.5~4.5次。

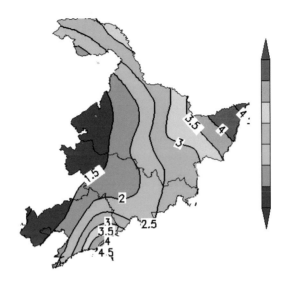

图6.14　东北地区多年平均阴雨寡照空间分布（单位：次）

从东北地区阴雨寡照次数频次逐月变化特征分析（图6.15）可以看出，逐月变化情况是：最多的月是7月，达17.9次；其次是11月，为14.1次；2月和3月阴雨寡照事件频次较少，分别为3.1次和3.7次。从各月所占比例看，各月比例差别较小，为2.6%~15.2%。

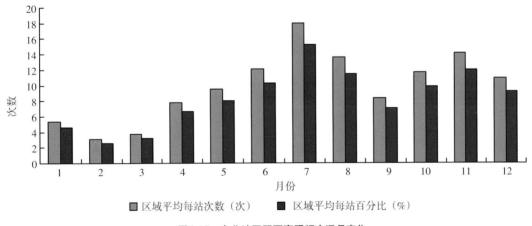

图6.15　东北地区阴雨寡照频次逐月变化

从东北地区阴雨寡照频次逐年变化及趋势（图6.16）可以看出，东北地区阴雨寡照次数年际变化较大，2012年次数最多，为5.0次，1967年最少，只有0.9次，相差5.5倍。从线性趋势变化可以发现，阴雨寡照次数呈显著增多趋势，为0.3次/10 a。

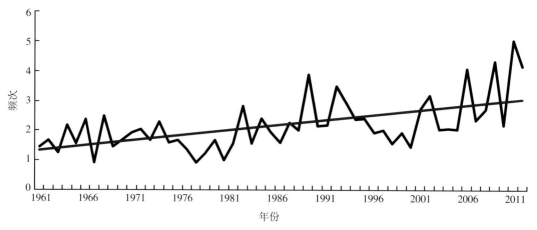

图6.16 东北地区阴雨寡照频次逐年变化及趋势

6.2.3 连阴寡照天气条件分析

选取2次典型的连阴寡照过程,对其天气实况及阴雨寡照期间天气形势进行分析。

6.2.3.1 2011年8月28—31日辽宁中东部阴雨寡照过程

(1)日照时数实况

如图6.17所示,2011年8月28—31日辽宁中东部出现阴雨寡照天气,以沈阳市为例,沈阳市28—31日连续4 d日照时数为0,出现中等强度的阴雨寡照灾害。

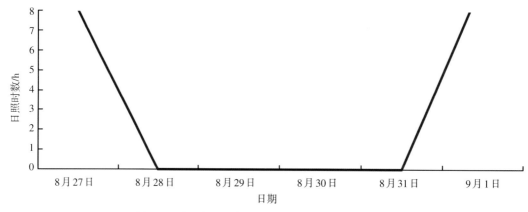

图6.17 沈阳市2011年8月27日至9月1日逐日日照时数

(2)天气形势特点

分析阴雨寡照的高、低空形势,如图6.18所示。500 hPa图上,2011年8月27日青藏高原北侧为高压脊控制,华北至东北受低压深槽控制,海上副热带高压北抬西伸至朝鲜北部,海上高压南侧存在一台风,影响辽宁中东部地区的系统稳定少动,辽宁中东部位于槽前偏南气流中。850 hPa内蒙古东北存在一切变线,辽宁位于切变线暖湿空气一侧的偏南气流中,8月27—31日低层相对湿度在70%以上,受切变线影响辐合凝结,有利于阴雨天气的形成。地面辽宁中东部位于华北高压和海上高压之间的低压带中。在此环流形势下,辽宁中东部不但出现连阴雨天气，而且部分站点降水量较强，超过了100 mm。31日台风越过海上副高脊线北上，副高东退，稳定环流形式被破坏，低槽东移，对辽宁的影响结束，辽宁中东部连阴雨天气结束。

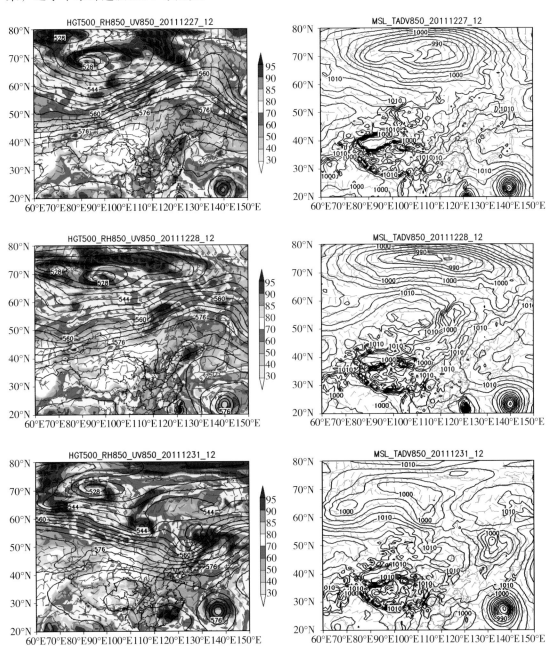

图6.18　2011年8月27日、28日、31日20时高空天气图和海平面气压场

6.2.3.2　2012年11月11—16日公主岭阴雨寡照过程

（1）日照时数实况

如图6.19所示，2012年11月11—16日吉林省公主岭市出现阴雨寡照天气，公主岭连

续6 d日照时数为0，出现中等强度的阴雨寡照灾害。

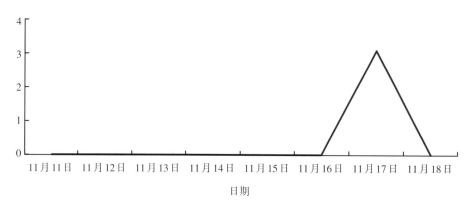

图6.19　公主岭市2012年11月11—18日逐日日照时数

（2）天气形势特点

500 hPa极涡分裂南下，位于亚洲北部（图6.20），乌拉尔山高压脊和鄂霍次克海高压脊加强，亚洲中高纬度地区受冷涡影响，环流形式稳定，极涡西侧分裂的冷空气不断旋转东移南下影响东北地区。直到11月16日鄂霍次克海高压脊减弱东移，乌拉尔山高压脊东移控制东北地区，东北地区连阴雨天气结束，天气转好。

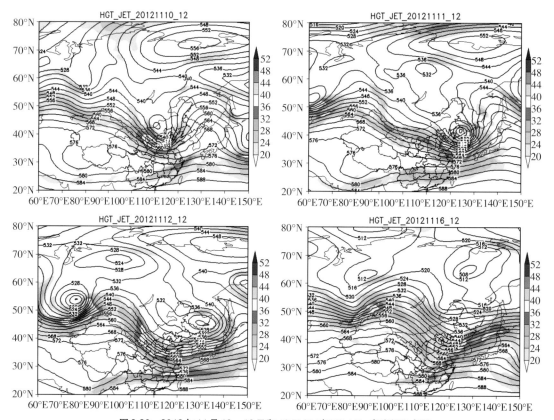

图6.20　2012年11月10—12日和16日20时500 hPa高度场和急流

中低层高度场和相对湿度图上（图6.21），东北地区受低涡控制，东北地区各层相对湿度在80%以上，在低涡中辐合凝结，在有利的天气环流下维持，造成东北地区阴雨寡照天气。

海平面气压场上，东北受弱低压转弱冷高压影响，温度出现小幅下滑，出现低温寡照天气。

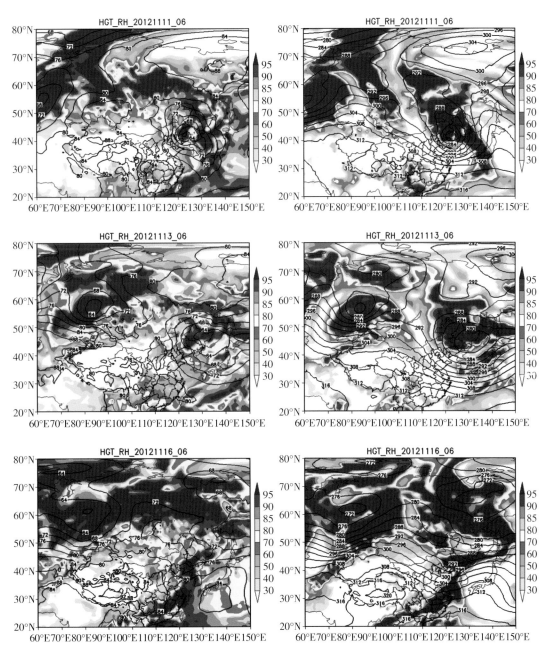

图6.21　2012年11月11日、13日和16日14时925 hPa和700 hPa高度场、相对湿度场

6.2.4 连阴寡照天气学分型及物理量预报指标

6.2.4.1 连阴寡照天气学分型

针对阴雨寡照个例500 hPa环流形势对阴雨寡照天气进行了天气学分型，主要分为以下两个类型，如图6.22所示。

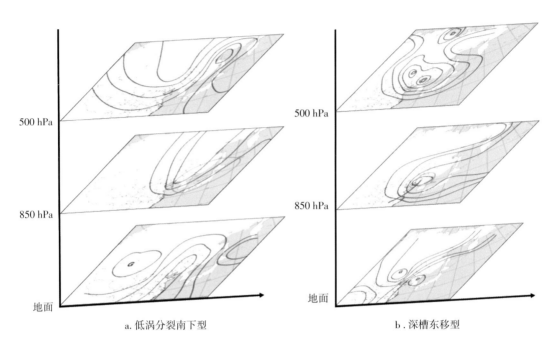

a. 低涡分裂南下型　　　　　　　　　　b. 深槽东移型

图6.22　阴雨寡照天气学分型

低涡分裂南下型的阴雨寡照，通常500 hPa上在鄂霍次克海地区阻塞高压建立，东北地区受低涡影响，冷空气沿不断补充南下，配合低层高湿的偏南气流，造成辽宁省较长时间的阴雨寡照天气，特别是在辽宁东部可造成4 d以上的阴雨寡照天气。

深槽东移型的阴雨寡照通常对应较强的冷空气活动，其特点是中高纬度低槽很强且移动缓慢，阴雨寡照由单次的冷暖空气交汇造成，对辽宁省的影响持续时间较短，一般持续3 d左右。

6.2.4.2 物理量预报指标

物理量诊断分为风场、湿度场2个方面进行：

风场条件：925 hPa风场、850 hPa风场和500 hPa风场。

湿度场条件：925 hPa相对湿度场、850 hPa相对湿度场和500 hPa相对湿度场。

根据连阴寡照落区，对应各物理量分布，统计连阴寡照与连阴寡照落区对应的物理量的区间，见表6.4。

日期	700 hPa 风场/(m·s⁻¹)	850 hPa 风场/(m·s⁻¹)	925 hPa 风场/(m·s⁻¹)	700 hPa 相对湿度 /(%)	850 hPa 相对湿度 /(%)	925 hPa 相对湿度 /(%)
2001-01-07	偏西风8~12	西南风8~12	偏南风6~14	40~50	50~60	80~90
2003-10-07	偏西风8~14	西南风8~12	西南风6~12	70~80	60~80	90~100
2003-11-19	西南风10~16	西南风6~10	西南风6~12	70~80	50~70	80~100
2004-11-02	低涡6~8	低涡6~16	低涡6~16	90~100	90~100	90~100
2007-03-04	西南风16~24	西南风12~20	西南风10~16	90~100	90~100	90~100
2007-12-25	西南风10~16	西南风8~10	西南风6~10	40~60	40~60	80~90
2009-04-18	偏西风13~14	西南风8~10	偏南风4~6	80~90	80~90	40~60
2009-04-20	西南风16~20	偏南风10~12	西南风6~8	80~90	90~100	90~100
2009-04-23	偏西风8~10	偏南风8~12	偏南风8~12	80~90	90~100	80~90
2009-04-25	低涡4~16	低涡6~16	低涡6~16	80~90	90~100	90~100
2010-10-01	西南风8~10	西南风4~6	西南风4~6	40~50	40~50	70~80
2010-10-03	低涡4~12	低涡4~12	低涡6~12	80~100	80~100	80~90
2010-10-22	偏西风9~11	西南风8~10	西南风8~10	50~60	60~70	80~90
2010-10-23	偏西风10~12	西南风8~10	西南风5~7	80~90	80~100	60~70
2011-08-28	西南风8~12	西南风4~10	西南风4~8	80~90	90~100	90~100
综合	8~24	8~16	6~16	40~100	40~100	40~100

表6.4 连阴寡照物理量特征

6.2.5 连阴寡照灾害性天气客观预报产品

利用2012—2013年1—12月EC模式预报资料和日照时数实况资料，通过线性回归方法，建立回归方程。

日照时数方程：$Y=-0.309X_1+0.062X_2-0.112X_3+7.7$

式中，X_1为总云量；X_2为925 hPa相对湿度；X_3为850 hPa相对湿度。

依据EC细网格预报产品，每天08时、20时生成72 h时效、24 h间隔的日照时数定量预报产品，如图6.23所示。

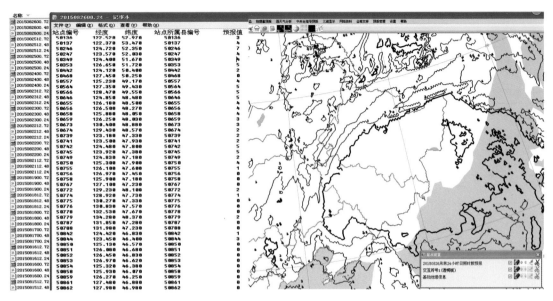

图6.23　东北地区日照时数客观预报产品

6.3　暴雪垮棚预报技术

6.3.1　暴雪垮棚气象事件特征分析

通过对历史资料分析，发现暴雪垮棚主要出现在每年的10—11月和2—4月。这两个时期多是雨雪天气伴随发生，多是先降水、后降雪，积雪密度比较大，同时棚上保温棉被被雨水打湿，质量增加，导致垮棚灾害发生。通过暴雪垮棚事件及东北暴雪资料的统计分析，进行暴雪垮棚预报。

根据表6.5中不同坡度暴雪垮棚降水量指标，筛选出近30 a辽宁、吉林、黑龙江省暴雪垮棚过程，并且利用观测日记资料，将纯雨过程剔除，最后得到暴雪垮棚个例气象日期。

表6.5　暴雪垮棚临界降水量指标		
温室坡度角/(°)	降水量/mm	地区分布
30	19	辽宁西部和南部、吉林西部、黑龙江西南部
	32	辽宁中部和东部、黑龙江中部、吉林中部
	45	吉林东部、黑龙江东部
	57	黑龙江东北部
35	26	辽宁大部、吉林西部和中部、黑龙江西部
	43	辽宁东北部、黑龙江中部和东部、吉林东部
	60	黑龙江东北部

续表

温室坡度角/(°)	降水量/mm	地区分布
40	38	辽宁、吉林和黑龙江大部
	64	黑龙江东北部

6.3.2 东北地区暴雪垮棚过程气候特征

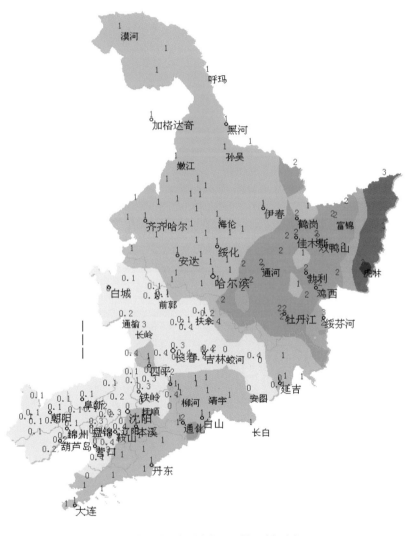

图6.24 东北地区各站常年平均暴雪垮棚次数

　　辽宁省出现暴雪垮棚的时间段集中在11月15日至翌年3月15日，吉林省出现暴雪垮棚的时间段集中在11月1日至翌年3月31日，黑龙江省出现暴雪垮棚的时间段集中在10月15日至翌年4月15日。东北地区各站常年平均暴雪垮棚次数见图6.24。东北地区的暴雪中心在黑龙江东部和吉林东南部，常年次数为2~3次。辽宁省的强中心在东南部，常年次数为1次。对于东北地区南部来说常年次数地域分布具有明显的地域性特征，中心位于辽宁省东南部（鞍山市东南部，大连市南部和东北部，本溪市，丹东市）。其中宽甸县常年

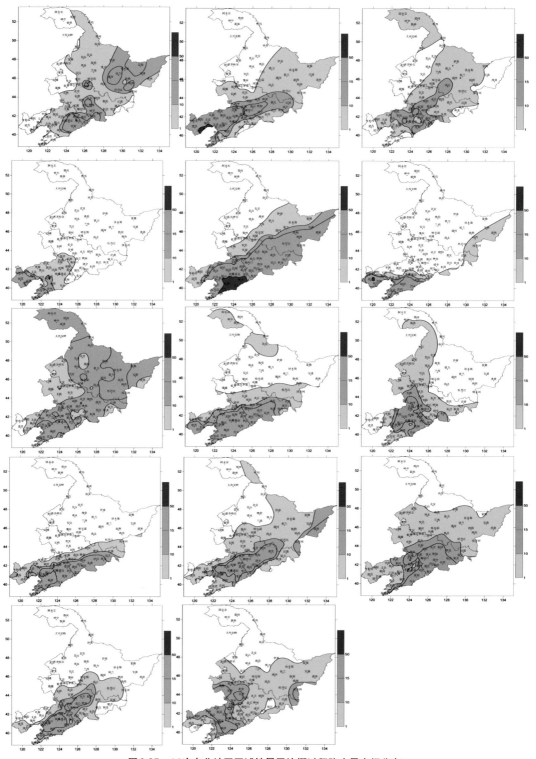

图6.25   14次东北地区区域性暴雪垮棚过程降水量空间分布

次数最多，为1.1次；辽宁省西部、北部地区常年次数较少，为0.1~0.5次。从14次东北区域性暴雪垮棚过程降水量空间分布（图6.25）可以看出，强度达到50 mm过程比较少，仅出现2次，占14%，因此>45°日光温室发生暴雪垮棚事件的概率较小。

东北东南部地区降水量相对东北其他地区较大，从其频次月、旬变化特征分析（图6.26）可以看出，辽宁暴雪垮棚事件频次逐月变化，最多的月份是12月；其次是2月、3月；最少的月份是1月。从暴雪垮棚事件频次逐旬变化情况（图6.27）可以看出，暴雪垮棚在10月中旬到翌年3月上旬出现。12月上旬是暴雪垮棚事件过程的高发期，12月中旬暴雪垮棚事件过程逐渐减少，12月下旬至翌年2月上旬暴雪垮棚事件过程进入最少阶段，2月中旬暴雪垮棚事件又开始增多。

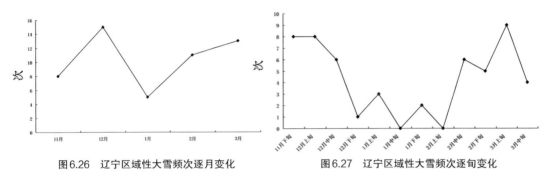

图6.26 辽宁区域性大雪频次逐月变化　　　图6.27 辽宁区域性大雪频次逐旬变化

通过对历史资料分析，发现暴雪垮棚主要出现在每年的10—11月和2—4月，这两个时期多是雨雪天气伴随发生，多是先降水，后降雪，积雪密度比较大，同时棚上保温棉被被雨水打湿，质量增加，导致垮棚灾害发生。

6.3.3 暴雪垮棚期间天气条件分析

选取近10 a的4次典型的暴雪垮棚过程，对其灾情、天气实况及强降雪期间天气形势进行分析。

6.3.3.1 2006年2月24—25日辽阳、抚顺暴雪过程

2006年2月24—25日，辽宁省辽阳、抚顺地区有近70个大棚倒塌，累计经济损失80万元；辽阳一厂房被大雪压塌，造成直接经济损失约7万元。

（1）降雪实况

如图6.28所示，暴雪出现在辽宁中部和东北部，持续时间长；西南部小。主要降水时段在24日夜间。强降雪中心雪量达到10~25 mm，抚顺市雪量14 mm，雪深13 cm。从雪量时间演变情况看，虽然降雪持续时间长，但强降雪时段集中，6 h雪量将近10 mm，强度比较强。

（2）天气形势特点

分析降雪强度最大时刻的高、低空形势，如图6.29所示。

500 hPa东西伯利亚的高空低涡，随着巴尔喀什湖脊加强，冷涡后部巴尔喀什湖脊前东北—西南向槽旋转南下。

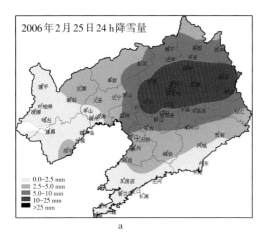
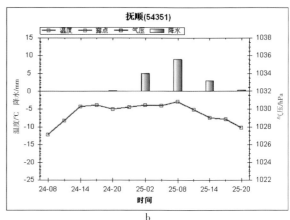

图6.28 降雪过程总量空间分布（a）和抚顺单站气象要素（b）

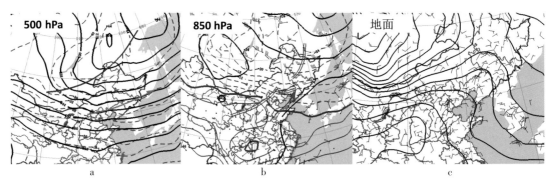

图6.29 2006年2月24日20时500 hPa（a）和850 hPa（b）高空形势图及2月25日02时地面形势场（c）

850 hPa中国东部海上高压加强，华北切变线与东北地区中部切变线作用，切变线与海上高压脊之间急流强度增强，将渤海水汽输送到辽宁省，且有明显的风向风速辐合，从而形成深厚的湿层。

地面低压倒槽伸向黑龙江省南部，倒槽顶部风辐合，水汽含量异常丰富。湿区集中在辽宁省中东部，雪区大值区位于倒槽顶部，随着地面倒槽的北伸及高空槽的发展东移，中东部地区的雪强增大。

6.3.3.2 2007年3月3—5日暴雪过程

受2007年3月3—5日暴雪影响，辽宁省农业、渔业遭受的损失十分严重，直接经济损失约88.3亿元，占总经济损失的60.5%。其中，有448 536栋冷暖大棚倒塌或严重受损，经济损失约为48.11亿元，占农（渔）业总经济损失的54.5%。工业方面，鞍钢轧钢厂基本处于停产状态，东北特钢大连基地、北钢集团等全省主要企业均受到不同程度的影响，全省工业损失约30.53亿元，占总经济损失的20.9%。交通运输及公用基础设施等行业遭受损失约8.37亿元。据气象部门不完全统计，此次暴雪灾害致13人死亡，全省总经济损失达145.9亿元。

沈阳市暴风雪造成10 429农户房屋受灾，16 695栋冷暖大棚损毁，总经济损失约9.5亿元。由于暴雪积压，沈阳市皇姑区明廉农贸大厅3个拱形顶棚全部坍塌，造成1人死亡、7人受伤。

大连市造成直接经济损失约57.9亿元。其中，农（渔）业直接经济损失29.6亿元。全市大面积停电，企业全面停产，全市规模以上工业企业直接经济损失7亿元，城市公用设施及交通口岸直接经济损失达6.35亿元。发生人身伤亡事故4起，7人死亡。

灾害使本溪市经济损失达5.72亿元。其中，工业损失2.9亿元；农业、林业、畜牧业损失2.2亿元。雪灾造成交通事故频发，其中本溪县谢家岭发生客车碰撞，2人死亡、多人受伤。

锦州过程降雪量35 mm，雪深达28 cm，灾害共造成129 257栋大棚受灾，全市直接经济损失6.4亿元，有多处厂房或农贸市场坍塌，造成2人死亡、1人受伤。

葫芦岛市损毁蔬菜大棚18 538栋，经济损失4.63亿元；城区8条主供电线路受损，经济损失0.07亿元。由于积雪较厚，兴城市沙后所渔业养殖户因鱼棚坍塌，造成1人死亡。

（1）降雪实况

如图6.30所示，2007年3月4日，辽宁省、吉林省中东部和黑龙江省东南部普降暴雪，主要降水时段在4日凌晨到5日20时。辽宁省许多地区都出现历史同期罕见降水新记录。辽宁省东部是此次过程的中心，降水量在70 mm以上，岫岩县降水总量65 mm，并且是先出现了50.2 mm的暴雨之后又出现了14.7 mm的暴雪，如此罕见的暴雨转暴雪天气在辽宁省是史无前例的。

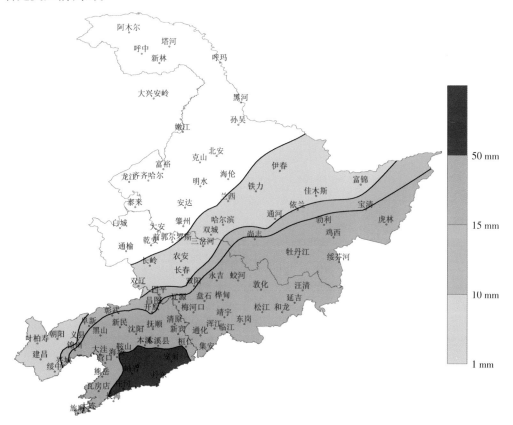

图6.30　降雪过程总量空间分布

（2）天气形势特点

分析降雪强度最大时刻的高、低空形势，如图6.31所示。

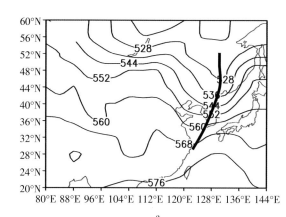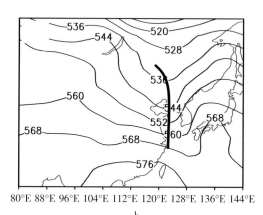

图6.31 3月3日08时（a）和4日20时（b）500 hPa高度场（单位：dagpm）

从3月3日08时和4日20时的500 hPa高空图可以看出，此次暴雨雪过程发生前东亚地区高空环流形势呈两槽两脊型。贝加尔湖以东和雅库茨克地区分别有高压脊存在。贝加尔湖以西有槽，高空槽中的冷空气沿西北气流输送到辽宁附近；另一个槽为从黑龙江到黄海一带的东亚大槽，东亚大槽以东是由于雅库茨克高压脊与中国大陆东部海上副热带高压脊同位相叠加，形成强大的高压坝。从3日08时开始，此高压坝明显加强，并且西伸。3月3日贝加尔湖下滑的冷空气与东亚大槽结合，导致东亚大槽在辽宁中部重新建立。在东亚大槽重建过程中，辽宁出现了历史罕见的暴雨和暴雪天气。更值得注意的是，江淮地区有气旋波形成，随着副热带高压脊的西伸北抬，该气旋波沿着副热带高压脊后部的西南气流北上到渤海，不仅促使东亚大槽重建，还为该次过程带来丰沛的水汽和热量，这也是此次过程降水量如此之大的重要因素。因为即使在夏季，要想达到该量级的降水，如果没有南来系统配合，仅仅依靠北方系统都是很难的，更何况在冬末春初出现如此大的降水。

850 hPa中国东部海上高压加强，中纬度环流表现为两高对峙的形势，黄海和东海附近海域有高压稳定维持。在110°E以西存在一个大陆高压，高空槽加深，南端到达25°N，槽前偏南急流在大雪天气发生前24 h内建立，急流主要从江淮地区延伸到辽宁。

地面过程发生前，江淮流域有气旋生成发展，沿着高空偏南急流北上，影响路径为偏东路径，降水落区位于气旋倒槽顶部东北方向气流内，强降雪区域多集中在辽宁中部以东地区。

6.3.3.3 2009年2月12—13日暴雪过程

此次过程，辽宁省铁岭市共倒塌损坏种植大棚2 930栋，其中倒塌日光温室457栋，损坏日光温室793栋，倒塌冷棚1 673栋，损坏冷棚7栋，造成直接经济损失1 976万元。倒塌损坏养殖大棚20个，死亡肉鸡、肉鸭8 000只，死亡猪1头，造成直接经济损失42.35万元。倒塌损坏居民住房18户，造成直接经济损失28.6万元。全市因雪灾共造成直接经济损失2 046.95万元。

降雪和大风过程给营口市农业生产造成了一定损失。在大石桥市高坎镇，大棚损坏11处，其中倒塌1栋；旗口镇大棚损坏6处，农村电话不通并且电力中断。

抚顺市经济损失667.4万元。10kV线路有11条出现故障，损失电量5 500 kW·h。新宾县受灾153户346人，紧急转移安置人口8户22人，损坏房屋55户126间，倒塌各类大棚30栋9 400 m²，近4亩菜地绝收，倒塌畜禽舍11 000 m²，死亡禽类3万多只。清原县倒塌日光温室61栋，31亩地遭受冻害，倒塌冷棚10栋。望花区塔峪镇33栋蔬菜大棚受损，面积40余亩，受损鸡舍20间、牛舍15间。

辽阳市有5个乡（镇）7个村15栋大棚不同程度损坏，其中辽阳县4个乡（镇）6个村14栋大棚，灯塔市1个乡1个村1栋大棚。经济损失10万元。

本溪市蔬菜大棚坍塌90栋，死亡仔猪30头、鸡400只，直接经济损失161.14万元。

盘锦市受灾大棚3 110栋、农户2 286户，农作物受冻面积3 392亩，造成经济损失938.1万元。

（1）降雪实况

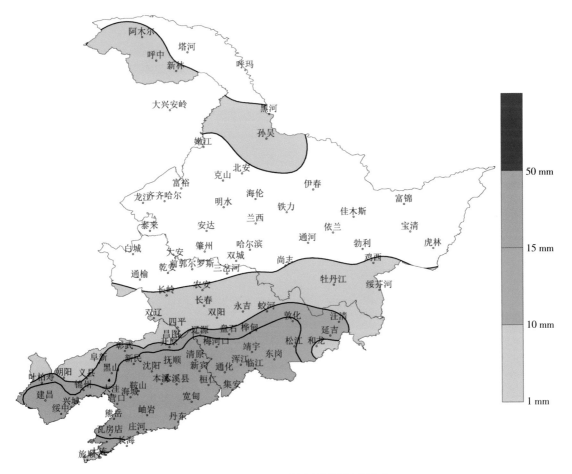

图6.32　2月12—13日降雪过程总量空间分布

如图6.32所示，暴雪出现在辽宁大部和吉林东南部，持续时间长。辽宁东部雪量大、西南部小，主要降水时段在12日夜间。从雪量时间演变情况看，虽然降雪持续时间长，但强降雪时段集中，6 h雪量将近10 mm，强度比较强。

（2）天气形势特点

分析降雪强度最大时刻的高、低空形势，如图6.33所示。

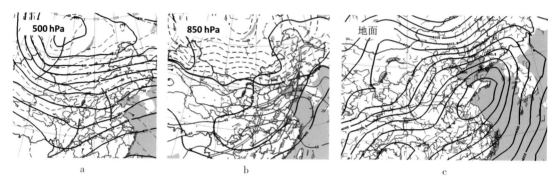

图6.33　2006年2月24日20时500 hPa（a）、850 hPa（b）高空形势图及2月25日02时（c）地面形势场

500 hPa蒙古国有庞大的高空低涡，其南侧宽广长波槽底部有两个短波槽发展东移。中国东部沿海温度脊维持，利于其下游径向度很大的长波脊对上游长波槽的移动阻挡作用；南支槽加强，其前暖平流沿着低空急流向辽宁输送。

850 hPa中低层自西南地区有一切变线伸向辽宁省，在切变北推过程中，急流强度增强，且有明显的风向风速辐合，从而形成深厚的湿层。

地面低压倒槽伸向黑龙江省，西南涡经过江淮地区引发江淮气旋，江淮气旋东北上，水汽沿气旋前部偏南气流向西北输送，水汽含量异常丰富。湿区集中在辽宁省中东部，雪区大值区从山东半岛伸向辽宁省，随着江淮气旋的北伸及高空槽的发展东移，中东部地区的雪强增大。

6.3.3.4　2012年3月4—6日暴雪过程

（1）降雪实况

2012年3月4日12时至6日16时，辽宁省出现雨转大雪—暴雪天气，全省61个国家气象观测站全部出现降水，最大降水出现在庄河市，雨雪总量为25.5 mm；最大积雪深度出现在宽甸县，为17 cm。其中，大连北部、鞍山南部、本溪南部、丹东大部和铁岭北部雨雪总量在11~26 mm，积雪深度在10 cm以上，为暴雪；大连南部、朝阳西部雨雪总量在10 mm以下，积雪深度在5 cm以下，为小雪；其他地区雨雪总量在10 mm以上，积雪深度在5~10 cm，为大雪。依据《辽宁省气象灾害评估方法》，辽宁省气象局对全省降雪地区进行评估，大连、丹东地区为二级暴雪灾害，属严重级别；铁岭地区为三级暴雪灾害，属较严重级别。过程总量如图6.34所示。

从3月4日中午开始，大连地区出现大范围雨雪天气。截至6日15时，各地雨雪天气结束。其中，庄河市、长海县为雨夹雪转暴雪；瓦房店市、普兰店市为雨夹雪转大雪；大连市区和旅顺口区、金州区为雨夹雪转中到大雪。过程雨雪量在12.2~25.5 mm。庄河市

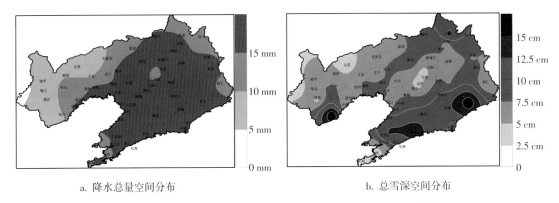

a. 降水总量空间分布　　　　　　　　b. 总雪深空间分布

图6.34　3月4日12时至6日16时过程降水总量和总雪深空间分布情况

积雪深度14 cm。

受雨雪天气影响，截至6日10时，庄河市共倒塌各类设施农业大棚122栋，面积284.4亩，另有4个养猪场温室大棚倒塌，面积1 600 m²。

由图6.35可见，这次过程的特点：一是持续时间较长。本次降水从3月4日12时从辽宁东南部陆续开始，持续近52 h，到6日16时基本结束。二是降水强度不均匀，4日白天到5日白天段总体上是弱降水阶段，5日夜间降水强度增强，该时间段为降水性质发生变化，转为降雪，因此该过程转雪后强度增强。三是降雪状态转换比较复杂，尤其是辽宁南部，以大连市为代表，降水状态为降雪—雨夹雪—雨—雨夹雪—雪；辽宁北部和东部，分别以沈阳市和清原县为代表，降水状态为降雪—雨—雨夹雪—雪；辽宁西部降水状态转换相对简单，以锦州市为代表，降水状态为降雪—雨夹雪—雪。

这次过程短期预报情况是，4日早晨仅考虑雨夹雪转雪，降雪的量级偏小，5日早晨的预报与4日早晨相比出现了较大调整，中东部提到暴雪量级。从5日早晨预报与实况对比（图略）情况来看，这次预报的调整是比较成功的。这种过程在辽宁初春降水过程中还是比较有代表性的，此次过程降水状态变化复杂，雪量预报难度大，转雪后强度增强。

（2）天气形势特点

①500 hPa环流形势

前期3日20时欧亚地区高中纬度为两槽两脊的形势，环流经向度大，乌拉尔山和贝加尔湖附近为高空槽区，巴尔喀什湖以北地区为高度脊，极地冷空气沿巴尔喀什湖脊前偏北气流下滑到中纬度地区。中高纬度多为纬向环流，短波槽活动频繁，随着巴尔喀什湖以北高度脊的加强，脊前冷空气输送的短波槽中，使得短波槽加强。4日08时短波槽位于河套以西，之后东移到河套中部，强度加强。低纬度地区，青藏高原以东地区南支槽加强，南支槽位于15~25°N，南支槽东移加强，逐渐北抬，到了5日20时，南北两支槽合并成一个南北跨度加大的深槽，南支槽前西南气流到达辽宁省，为辽宁省带来暖湿空气，与西路冷空气交汇形成暴雪（图6.36a）。

②850 hPa环流形势

降水之前的4日08时，中高纬度地区850 hPa上中纬度环流表现为两高对峙的形势，

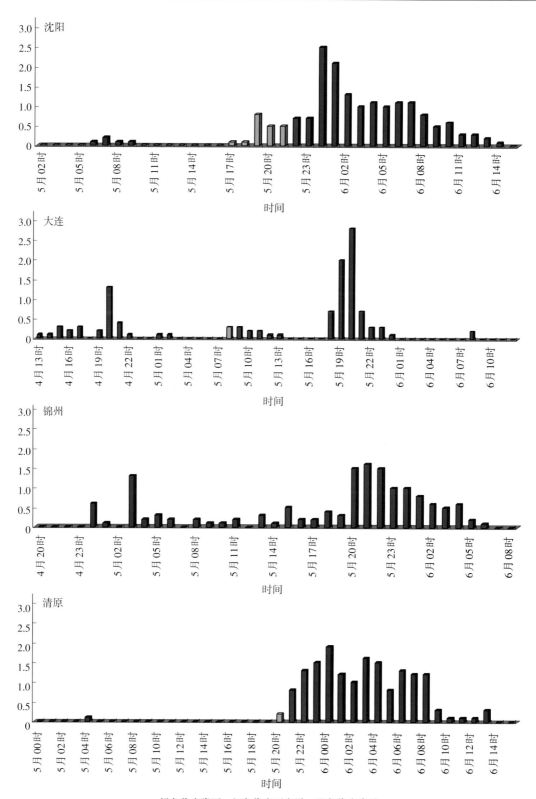

绿色代表降雨，红色代表雨夹雪，蓝色代表降雪

6.35 3月4—6日辽宁东部、西部、南部、北部代表站逐时降水分布

黄海附近海域有高压稳定维持。在100°E以西存在一个大陆高压，在两高之间是宽广的低压带，其中存在两个闭合低压系统，一个位于河套西北，一个位于江淮附近，之后大陆高压逐渐东移，导致两高之间形成一个南北向狭窄的南北风辐合带，偏南急流增强东北上（图6.36b）。4日20时河套西北的低压东移到河套东北，江淮附近低压东移北上到山东半岛以南地区，急流主要从江淮地区延伸到黄淮附近，风速12 m/s以上。5日20时两个低值系统在辽宁省附近合并成一个强大的低压，为这次降水过程提供非常有利的水汽和动力条件（图6.36c）。

③地面系统演变情况

地面气压场上，3日14时降水开始阶段，地面倒槽系统有两个，一个是位于河套地区，一个是从江淮沿海延伸到山东半岛的倒槽，降水前期辽宁主要受东部沿海倒槽顶部切变线影响，西部倒槽主体位于贝加尔湖以西。5日08时，东部倒槽位置稳定，而河套倒槽东移到河套以东，位置略东北上。降水主要受东部沿海倒槽顶部切变线影响，降水强度较小。5日20时，两个倒槽系统在辽宁省附近合并，强度增强，合并后向东北方向移动，由于西部倒槽的合并，降水转为降雪，且合并后系统增强，导致降雪强度增大（图6.36d）。

与2011年11月22日暴雪过程相比，11月22日过程仅受一个南来倒槽影响，倒槽后高压的冷空气势力与倒槽强度相当，冷暖空气结合时降雪加强，之后冷空气快速东移，因此过程持续时间并不长。此次过程明显不同，前期东部倒槽影响时间长，西部冷空气偏远且冷空气强度弱，河套倒槽与东部倒槽结合导致系统加强，降雪加强。

6.3.4 暴雪垮棚过程天气学分型及物理量预报指标

根据暴雪垮棚天气的地面影响系统的不同，对其进行天气学分型，暴雪垮棚天气过程的主要地面天气系统主要有：地面倒槽（包括河套倒槽、江淮气旋倒槽、西南涡倒槽、渤海倒槽）、华北气旋型（包括蒙古气旋南路型）、江淮气旋北上型、北路蒙古气旋冷锋与倒槽（或西南涡、西北涡）结合型。其他类型的还有：西北涡型、入海加强的低压后部型、局地低压型。

6.3.4.1 江淮气旋（西南涡）北上型分析

（1）江淮气旋（西南涡）北上型天气形势特点

①500 hPa形势特点

西伯利亚附近为高压脊，脊前极地冷空气沿偏北气流南下，45~70°N、90~110°E范围内高空槽加强移动缓慢。南支槽位于15~25°N，移动速度比北支槽快。降雪前，北支槽与南支槽同位相叠加，形成南北跨度大于20个纬度的一个深槽，受高空槽和斜压锋区影响，造成强降雪。

②850 hPa形势特点

中纬度环流表现为两高对峙的形势，黄海和东海附近海域有高压稳定维持，另外，在110°E以西存在一个大陆高压。高空槽加深，南端到达25°N，槽前偏南急流在大雪天气发生前24 h内建立，急流主要从江淮地区延伸到东北。

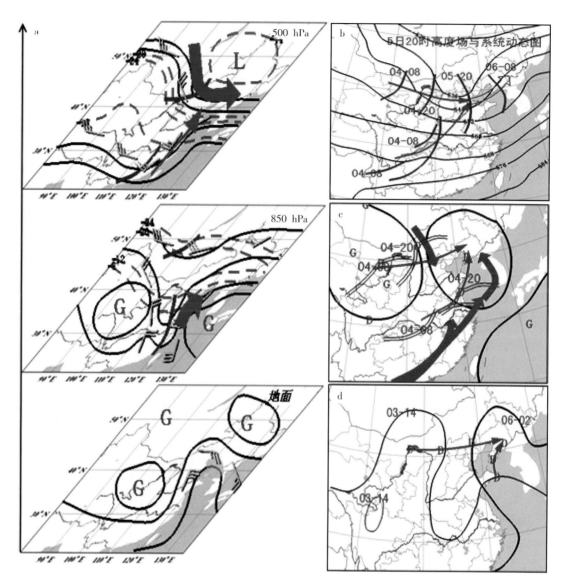

图6-36　3月4—6日降雪过程辽宁倒槽型暴雪天气学概念模型（a）与高低空系统配置
[500 hPa（b）、850 hPa（c）、地面（d）] 对比

③地面形势特点

过程发生前江淮流域有气旋生成发展，沿着高空偏南急流北上，影响路径为偏东路径，降水落区位于气旋倒槽顶部东北方向气流内，强降雪区域多集中在东北中部以东地区。

（2）江淮气旋（西南涡）北上型天气学模型

江淮气旋型暴雪500 hPa环流形势（图6.37）为：西伯利亚附近为高压脊，脊前极地冷空气沿偏北气流南下，脊前偏西气流上有短波槽活动。日本海附近也有高压脊加强，对西风带系统东移起到阻挡作用，同时利于上游短波槽东移缓慢，强度加强。青藏高原以东地区南支槽加强，南支槽位于25~35°N，移动速度比北支槽快。在北支槽中，温度槽落后于高度槽，等温线与等高线之间交角大于30°，系统斜压性增强，有利于高空槽加深，同时，45~70°N、70~115°E范围内冷空气中心强度低于-40℃，高空槽附近的锋区较强。500 hPa图上锋区附近5个纬距有3~5根等温线，风场与等温线基本呈垂直方向分布，冷平流非常强，强冷平流输送使得高空槽进一步增强加深。降雪前，北支槽东移加深，南支槽沿着从华南开始延伸到辽宁省附近的西南急流向东北方向移动，北支槽与南支槽同位相叠加，形成南北跨度大于30个纬度的一个深槽，受高空槽和斜压锋区影响，造成辽宁省大雪。

850 hPa图上中纬度环流表现为两高对峙的形势，黄海和东海附近海域有高压稳定维持。另外，在110°E以西存在一个大陆高压，大陆高压逐渐东移，导致两高之间形成一个南北向狭窄的南北

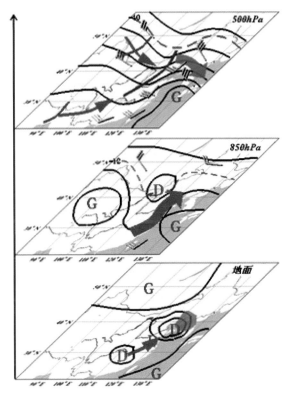

图6.37　江淮气旋北上型概念模型

风辐合带，偏南急流增强，高空槽加深，南端到达25°N槽前偏南急流在大雪天气发生前24 h内建立。急流主要从江淮地区延伸到辽宁省，风速16 m/s以上，最大可达24m/s。偏南急流向东北地区输送大量暖湿空气，水汽通量散度负值区域与大雪落区有很好的对应关系。在大雪过程发生前，辽宁省24 h升温在3℃以上。

过程发生前江淮流域有气旋生成发展，沿着高空偏南急流北上，降水落区位于气旋倒槽顶部东北方向气流中，影响区域主要为东北中部以东。暴雪垮棚落区位于气旋倒槽顶部东北气流中，影响区域主要为东北中部以东地区。

降雪过程结束时，高空受西北气流控制，低空急流减弱东移，北上的江淮气旋东移入海。

6.3.4.2　华北气旋（包括蒙古气旋南路）型分析

（1）华北气旋（包括蒙古气旋南路）天气形势特点

①500 hPa形势特点

亚欧中高纬多为倒Ω环流形势，高空急流呈西北—东南向，到达35°N附近；贝加尔湖附近为冷涡（或深槽），冷空气沿冷涡（或深槽）底部西北气流东南下。45~70°N、70~115°E范围内冷空气中心强度低于-40℃。高空槽附近的锋区较强，500 hPa图上锋区附近5个纬距有3~5根等温线，中高纬度极锋锋区南压到40°N，中高纬度极锋锋区是辽宁省大雪天气发生的重要条件。

②850 hPa形势特点

中纬度西风槽南端一般可到达30°N以南，槽前偏南急流在大雪天气发生前24 h内建立，急流主要从山东半岛或渤海湾开始，沿西南方向吹到辽宁省。

③地面天气系统特点

过程发生前气旋位于蒙古，随着锋区南压，蒙古气旋在锋区上强烈发展，并沿西北路径东移南下到渤海附近后，气旋（或华北气旋）开始转向，沿东北路径北上东移，气旋在东北上的过程中，受气旋暖锋、冷锋影响，气旋再度加强，并具有一定南来系统的特点，给辽宁省带来大雪天气。此种类型影响区域主要为辽河流域及其以东地区。

（2）华北气旋（包括蒙古气旋南路）型天气学模型

蒙古气旋型暴雪500 hPa上环流形势多为倒Ω形环流形势。乌拉尔山附近为高压脊，脊前极地冷空气沿偏北气流南下，西路我国新疆地区有另一股冷空气东移，两股冷空气在贝加尔湖到蒙古一带堆积；鄂霍次克海阻塞高压强烈发展，可以阻挡冷空气东移，导致冷空气在贝加尔湖堆积，高空急流呈西北—东南向，到达35°N附近，这样可引导地面蒙古气旋东南向移动到华北—渤海一带；贝加尔湖附近为冷涡（或深槽），冷空气沿冷涡（或深槽）底部西北气流东南下。45~70°N、70~115°E范围内冷空气中心强度低于−40 ℃，高空槽附近的锋区较强，500 hPa图上锋区附近5个纬距有3~5根等温线，中高纬度极锋锋区南压到40°N，中高纬度极锋锋区是东北暴雪天气发生的重要条件。

850 hPa上，中纬度西风槽东移加深，低槽南端一般可到达30°N以南，有时在内蒙古与辽宁交界处有等高线的闭合中心存在，有时没有高度闭合中心，但有风场的闭合环流存在，该中尺度的闭合环流有利于暴雪形成；槽前偏南急流在暴雪天气发生前24 h内建立，急流主要从山东半岛或渤海湾开始，沿西南方向吹到辽宁，风速12 m/s以上，最大可达20 m/s；偏南急流向东北地区输送大量暖湿空气，急流轴附近的水汽通量在$4×10^{-5}$kg/(m·s)以上，水汽通量散度负值区域与暴雪落区有很好的对应关系；在暴雪过程发生前辽宁地区24 h升温在5 ℃以上。

蒙古气旋型地面天气系统特点是：过程发生前气旋位于蒙古，随着锋区南压，蒙古气旋在锋区上强烈发展，并沿西北路径东移南下到渤海附近后，气旋开始转向，沿东北路径北上东移。气旋在东北上的过程中，受气旋暖锋、冷锋影响，气旋再度加强，并具有一定南来系统的特点，给辽宁带来暴雪天气。此类大雪落区主要集中在辽河流域及其以东地区。

大雪过后，高空受西北气流控制，高空槽减弱北抬，地面强大陆高压控制辽宁（图6.38），天空转晴，气温下降。

6.3.4.3　倒槽型分析

（1）倒槽型天气形势特点

①500 hPa形势特点

中高纬度多为纬向环流，短波槽活动频繁，暴雪期间短波槽位于贝加尔湖以南，槽前偏西急流将冷空气输送到辽宁；低纬度地区，南支槽位于15~25°N，南支槽东移加强，逐

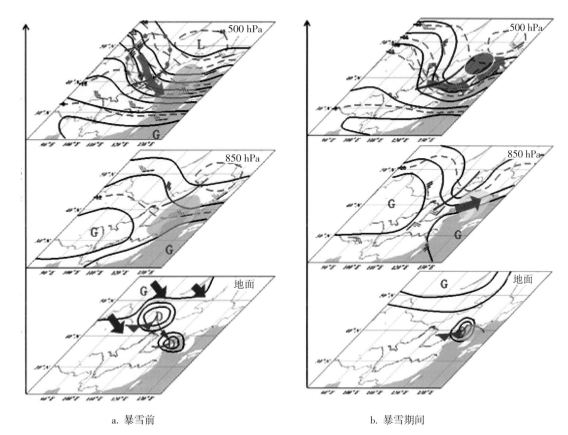

a. 暴雪前   b. 暴雪期间

图6.38 华北气旋（蒙古气旋南路）型概念模型

渐北抬，南支槽前西南气流到达辽宁，与西路冷空气交汇形成强降雪。

②850 hPa形势特点

中纬度环流表现为两高对峙的形势，黄海附近海域有高压稳定维持，在110°E以西存在一个大陆高压，南支槽前偏南急流在大雪天气发生前24 h内建立，急流主要从江淮地区延伸到渤海附近；在暴雪过程发生前辽宁地区24 h升温在5℃以上。

③倒槽型

过程发生前倒槽位于河套地区，主体偏南；后期随着偏南气流与中纬度锋区汇合，形成大尺度辐合场使倒槽发展并东北上。倒槽前部东南风逐渐增大，强降雪发生在倒槽顶部，暴雪落区主要在辽宁东部。

（2）倒槽型天气学模型

倒槽型强降雪500 hPa环流形势，中高纬度多为纬向环流，短波槽活动频繁，随着巴尔喀什湖以北高度脊的加强，脊前冷空气输送的短波槽中，使得短波槽加强；暴雪期间短波槽位于贝加尔湖以南，槽前偏西急流将冷空气输送到辽宁。低纬度地区，青藏高原以东地区南支槽加强，南支槽位于15~25°N，南支槽东移加强，逐渐北抬，南支槽前西南气流到达辽宁，为辽宁带来暖湿空气，与西路冷空气交汇形成暴雪。

850 hPa上，中纬度环流表现为两高对峙的形势，黄海附近海域有高压稳定维持，在

110°E以西存在一个大陆高压，大陆高压逐渐东移，导致两高之间形成一个南北向狭窄的南北风辐合带，偏南急流增强东北上，南支槽前偏南急流在暴雪天气发生前24 h内建立，急流主要从江淮地区延伸到渤海附近，风速12 m/s以上；偏南急流向东北地区输送大量暖湿空气，急流轴附近的水汽通量在$4×10^{-5}kg/(m·s)$以上，水汽通量散度负值区域与暴雪落区有很好的对应关系；在暴雪过程发生前辽宁24 h升温在5 ℃以上。

过程发生前倒槽位于河套地区，主体偏南；后期随着偏南气流与中纬度锋区汇合，形成大尺度辐合场使倒槽发展并东北上。倒槽前部东南风逐渐增大，强降雪发生在倒槽顶部，暴雪落区主要在辽宁东部（图6.39）。

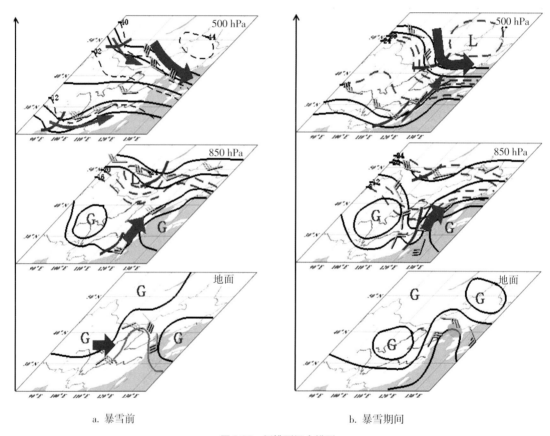

a. 暴雪前　　　　　　　　　　　　　　　b. 暴雪期间

图6.39　倒槽型概念模型

降雪过程结束时，高空受西北气流控制，低空急流减弱东移，地面倒槽东移入海。

6.3.4.4　蒙古气旋北路结合倒槽（西北涡）型分析

（1）蒙古气旋北路结合倒槽（西北涡）型天气形势特点

①500 hPa形势特点

乌拉尔山附近为高压脊，脊前极地冷空气沿偏北气流南下，40~60°N、90~110°E范围内高空槽加强移动缓慢；南支槽位于25~35°N、100~110°E之间，移动速度比北支槽慢。降雪前，北支槽与南支槽同位相叠加，形成南北跨度大于20个纬度的一个深槽，高空槽南段到达30°N附近，受高空槽和斜压锋区影响，造成辽宁大雪。

②850 hPa形势特点

中纬度环流表现为两高对峙的形势，黄海和东海附近海域有高压稳定维持，在110°E以西存在一个大陆高压；高空槽加深，南端到达35°N；槽前偏南急流在大雪天气发生前24 h内建立，急流主要从山东半岛地区延伸到辽宁。

③地面形势特点

过程发生前，蒙古气旋从蒙古中部沿东偏南方向移动，在河套东南方位有倒槽或西北涡存在，蒙古气旋已过河套附近之后与倒槽或西北涡结合成一个范围较大的气旋，且在两高之间是弱抵低压带，气旋底部是一个狭长的低压槽区，为降雪提供水汽和能量。

（2）蒙古气旋冷锋结合倒槽（西北涡）型天气学模型

蒙古气旋北路结合倒槽（西北涡）型大雪500 hPa环流形势（图6.40）：西伯利亚附近为高压脊，脊前极地冷空气沿偏北气流南下，脊前偏西气流上有短波槽活动；日本海附近也有高压脊加强，对西风带系统东移起到阻挡作用，同时利于上游短波槽东移缓慢，强度加强；青藏高原以东地区南支槽加强，南支槽位于25~35°N，移动速度比北支槽慢。在北支槽中，温度槽落后于高度槽，等温线与等高线之间交角大于30°，高空槽附近的锋区较强，500 hPa图上锋区附近5个纬距有3~5根等温线，风场与等温线基本呈垂直方向分布，冷平流非常强，强冷平流输送使得高空槽进一步增强加深。与江淮气旋型不同的是，偏南

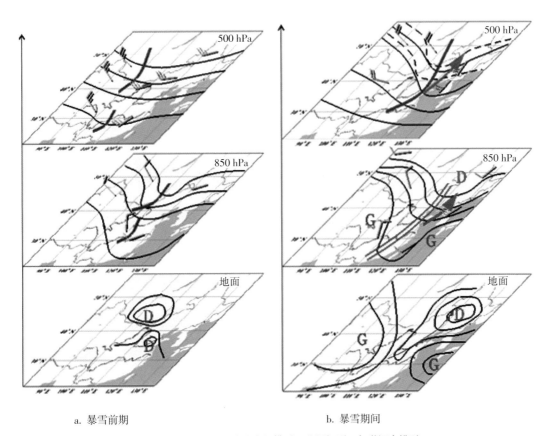

a. 暴雪前期　　　　　　　　　　　　b. 暴雪期间

图6.40 蒙古气旋北路结合倒槽（西北涡）型天气学概念模型

急流比较短，从山东半岛附近开始，而江淮其气旋型是从华南开始延伸到辽宁。降雪前，北支槽东移发展与南支槽同位相叠加，形成南北跨度大于20个纬度的一个深槽，受高空槽和斜压锋区影响，造成辽宁大雪。

850 hPa图上，中纬度环流表现为两高对峙的形势，黄海和东海附近海域有高压稳定维持，在110°E以西存在一个大陆高压，大陆高压逐渐东移，导致两高之间形成一个南北向狭窄的弱低压区，高空槽加深，南端到达35°N。槽前偏南急流在大雪天气发生前24 h内建立，急流主要从山东半岛地区延伸到辽宁。

地面形势：过程发生前蒙古气旋从蒙古中部沿东偏南方向移动，在河套东南方位有倒槽或西北涡存在，蒙古气旋已过河套附近之后与倒槽或西北涡结合成一个范围较大的气旋，且在两高之间是弱抵低压带，气旋底部是一个狭长的低压槽区，为降雪提供水汽和能量。影响路径主要为偏东路径，多数出现在辽河流域及以东地区，少数情况下也出现在辽西和辽河流域。降水落区位于地面冷锋附近，在冷锋两侧都有降水，但冷锋东侧西南气流中降雪强度大，冷锋西侧偏北气流中降雪较弱。当偏北气流加强时区降雪开始减弱到结束。

6.3.5 暴雪垮棚天气物理量预报指标

物理量诊断分动力、水汽、热力3个方面进行：

动力条件：850 hPa低空急流、涡度、850 hPa垂直上升速度等。

水汽条件：850 hPa水汽通量、850 hPa水汽通量散度、850 hPa比湿。

热力条件：850 hPa冷平流、850 hPa暖平流、850 hPa θse。

根据降雪落区，对应各物理量分布，统计各型大雪与大雪落区对应的物理量的区间，见表6.6。

表6.6　850 hPa物理量统计								
类型	水汽条件			动力条件			热力条件		
	水汽通量/ $(g \cdot s^{-1} \cdot cm^{-1} \cdot hPa^{-1})$	水汽通量散度/ $(10^{-7}g \cdot s^{-1} \cdot cm^{-2} \cdot hPa^{-1})$	比湿/ $(g \cdot kg^{-1})$	上升运动/ $(Pa \cdot s^{-1})$	涡度最大值高度/ $(10^{-5} \cdot s^{-1})$	急流/ $(m \cdot s^{-1})$	暖平流/ $(10^{-5}℃ \cdot s^{-1})$	冷平流/ $(10^{-5}℃ \cdot s^{-1})$	θse/℃
江淮气旋	4 ~ 13	−47 ~ −12	3.5	−1.3 ~ −0.3	900 hPa以下；7	12 ~ 20	12 ~ 25	−30 ~ −14	22
华北气旋	5 ~ 7.5	−17 ~ −7.5	3.5	−0.9 ~ −0.5	900 hPa以下；9.5	16 ~ 22	16 ~ 30	−29 ~ −15	18
倒槽	4 ~ 5.5	−13 ~ −4	2.5	−0.8 ~ −0.3	900 hPa以下；7	13 ~ 18	15 ~ 25	−31 ~ −15	13
结合型	3 ~ 6	−19 ~ −8	2.5	−0.9 ~ −0.4	950 hPa以下；5	13 ~ 19	11 ~ 29	−41 ~ −25	17

低空急流：江淮气旋型和倒槽型的急流长，从华南或江淮地区延伸到辽宁；华北气旋型和蒙古气旋结合倒槽型的低空急流相对较短，一般从山东半岛附近延伸到辽宁。降雪区急流数值华北气旋型最大，蒙古气旋结合倒槽型次之，江淮气旋型和倒槽型的急流强度最小。

涡度：正涡度大值区通常出现在950 hPa高度以下，华北气旋型涡旋型最强，江淮气旋型和倒槽型次之，蒙古气旋结合倒槽型的涡旋性最弱。

850 hPa垂直上升速度通常在−0.3 Pa/s以上，中心最大值江淮气旋型最大，其他几类相当。

水汽条件：江淮气旋、华北气旋型较强，其他两型较弱。

6.3.6 暴雪垮棚客观预报产品

对近3 a暴雪垮棚气象灾害日建立历史资料库，包括自动站、常规资料中预报因子场和RUC资料。在降雪物理量预报指标体系基础上，进行物理量敏感性和贡献率的诊断，应用资料研究暴雪垮棚降水量客观预报产品。

6.3.6.1 预报因子选取

（1）预报因子的选取方法

选取物理意义明确，与预报量具有很高相关性，设定显著水平后，相关系数通过显著性检验的因子作为备选因子。

（2）因子预处理

降水量是一段时间内的连续量，预报因子是某一时刻的瞬时量，因此，必须对预报因子进行处理，使预报量和预报因子的时间尺度匹配。

（3）可用性分析

预报因子的可用性可用数值模式输出产品的可用时效、预报场与分析场之间的相关系数来衡量，设定显著水平后，相关系数通过显著性检验的因子作为备选因子。可用时效越长、相关系数越高，可用性越好。

（4）预报因子敏感性分析

预报因子敏感性是指用于预报的备选因子必须对预报对象（降雪）具有很强的敏感性，既可以有区分无降雪和降水强度的能力，又区分不同强度降雪的能力。

（5）代表性分析

备选因子之间要具有较高的独立性，删除那些与很多因子相关程度都比较高的备选因子。

通过以上各步的筛选，得到暴雪垮棚降水量客观预报因子有以下几项：涡度、散度、垂直速度、温度平流、假相当位温梯度、比湿、水汽通量、水汽通量散度、差动温度平流和差动涡度平流。

6.3.6.2 预报方程的建立

将东北地区194个常规气象观测站，按照地域、暴雪垮棚空间分布差异及预报因子在不同站的相关性，分为8个区（图6.41），将降水量与预报因子物理量进行标准化处理后，分别建立8个降水量预报多元回归方程。

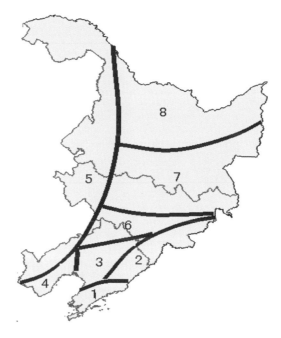

图6.41　东北地区暴雪垮棚降水量客观预报方程分区

$Snow_1=-0.354V_1+0.444V_2-0.424V_3-2.531V_4-0.429V_5-1.552V_6+0.303V_7+0.947V_8-0.838V_9-0.116V_{10}-0.489V_{11}-0.502V_{12}-0.605V_{13}-0.100V_{14}-2.880$

V_1：925涡度

V_2：700散度

V_3：925散度

V_4：700垂直速度

V_5：700温度平流梯度

V_6：500假相当位温梯度

V_7：850假相当位温梯度

V_8：850比湿

V_9：700水汽通量

V_{10}：500水汽通量散度

V_{11}：925水汽通量散度

V_{12}：700与925差动温度平流

V_{13}：500与700差动涡度平流

V_{14}：700与850差动涡度平流

$Snow_2=-0.010V_1-3.605V_2+2.429V_3-6.205V_4+0.203V_5+0.803V_6+0.748V_7-0.232V_8+0.039V_9-0.218V_{10}+0.217V_{11}-3.003V_{12}+1.967V_{13}-0.021$

V_1：850 涡度

V_2：500 散度

V_3：925 散度

V_4：700 垂直速度

V_5：700 温度平流

V_6：850 假相当位温梯度

V_7：850 比湿

V_8：925 水汽通量

V_9：500 水汽通量散度

V_{10}：925 水汽通量散度

V_{11}：700 与 850 差动温度平流

V_{12}：700 与 850 差动涡度平流

V_{13}：850 与 925 差动涡度平流

$Snow_3 = -0.716V_1 - 0.517V_2 - 4.464V_3 + 2.003V_4 - 1.104V_5 + 0.859V_6 + 0.412V_7 + 0.448V_8 - 0.934V_9 + 1.684$

V_1：850 涡度

V_2：700 散度

V_3：700 垂直速度

V_4：850 比湿

V_5：500 水汽通量

V_6：500 水汽通量散度

V_7：850 水汽通量散度

V_8：850 与 925 差动温度平流

V_9：850 与 925 差动涡度平流

$Snow_4 = -1.180V_1 + 1.691V_2 + 1.6V_3 + 2.867V_4 + 1.286V_5 + 1.617V_6 - 0.091V_7 - 4.108V_8 - 1.003V_9 - 1.957V_{10} + 0.082$

V_1：925 涡度

V_2：925 散度

V_3：700 垂直速度

V_4：925 温度平流

V_5：700 假相当位温梯度

V_6：925 比湿

V_7：850 水汽通量

V_8：925 水汽通量散度

V_9：850 与 925 差动温度平流

V_{10}：850 与 925 差动涡度平流

$Snow_5=0.369V_1-0.689V_2-0.19V_3-0.148V_4+0.252V_5+1.590V_6-0.361V_7-0.756V_8-0.097V_9-0.459V_{10}-1.587$

V_1：700涡度

V_2：925散度

V_3：700垂直速度

V_4：500温度平流梯度

V_5：700假相当位温梯度

V_6：700比湿

V_7：500水汽通量

V_8：850水汽通量散度

V_9：500与925差动温度平流

V_{10}：700与850差动涡度平流

$Snow_6=1.892V_1-2.369V_2-0.134V_3+2.012V_4+0.861V_5+0.059V_6+1.449V_7-0.516V_8-0.474V_9-1.081V_{10}-0.023$

V_1：700涡度

V_2：925散度

V_3：700垂直速度

V_4：925温度平流

V_5：700假相当位温梯度

V_6：700比湿

V_7：700水汽通量

V_8：700水汽通量散度

V_9：850与925差动温度平流

V_{10}：850与925差动涡度平流

$Snow_7=1.045V_1-2.367V_2+0.106V_3+1.969V_4+1.213V_5+0.837V_6-0.201V_7-0.679V_8+2.805$

V_1：850涡度

V_2：925散度

V_3：850垂直速度

V_4：850比湿

V_5：850水汽通量

V_6：925水汽通量散度

V_7：500与925差动温度平流

V_8：850与925差动涡度平流

$Snow_8=0.845V_1-1.213V_2-1.861V_3-0.087V_4+2.723V_5+3.044V_6-2.127V_7+2.423V_8-0.260V_9-0.696V_{10}+1.049V_{11}-3.036$

V_1：925涡度

V_2：925 散度

V_3：700 垂直速度

V_4：925 温度平流

V_5：700 假相当位温梯度

V_6：700 比湿

V_7：700 水汽通量

V_8：925 水汽通量散度

V_9：700 与 925 差动温度平流

V_{10}：500 与 700 差动涡度平流

V_{11}：850 与 925 差动涡度平流

6.3.6.3　预报产品的输出

应用建立的多元回归方程，应用每天最新 EC 数值资料，建立未来 72 h 内 24 h 间隔的暴雪垮棚降雪量实时预报方程，建立定时自动生成产品的任务计划，生成站点预报产品。在站点预报基础上输出 gif 图片、micaps 第 4 类格式和暴雪文字产品，应用插值方法生成格点化的预报结果。

每天两次生成以上 4 种预报产品。

6.4　大风掀棚预报技术

根据大风掀棚试验结果、历史灾情分析、温室风压计算公式等方法综合计算得出大风掀棚指标体系。综合考虑以 8 级以上风为预报对象（表 6.7），建立大风掀棚预报预警方法。

表 6.7　大风掀棚临界指标体系

类型	风压/(kN·m⁻²)	风速/(m·s⁻¹)	地区代码	分布地区
日光温室	0.15	17	I	辽宁西部和东部山区、吉林东部山区
	0.25	22	II	辽宁大部、吉林大部和黑龙江大部分地区
	0.35	26	III	辽河平原、黑龙江西部和三江平原地区
	0.45	30	IV	三江平原部分地区
塑料大棚	0.10	14	I	辽宁西部和东部山区、吉林东部山区、黑龙江北部山区
	0.15	17	II	辽宁大部、吉林大部和黑龙江大部分地区
	0.20	20	III	辽河平原、三江平原部分地区
	0.25	22	IV	辽南沿海地区

6.4.1　东北地区大风掀棚气候特征

对1981—2010年日最大风速资料进行分析，统计8级以上大风的气候特征。发现东北地区大风呈现逐年减少趋势，每年4月大风发生最频繁，11月次之，风向有明显的季节性变化，春季多西南大风，秋冬多偏北大风，夏季风速小。

根据辽宁省气象决策灾情直报系统的数据调查统计，2000—2012年辽宁因大风导致设施农业大范围受灾的有记录的共16次（表6.8），受灾总面积53 218亩。其中暖棚28 229亩，冷棚24 989亩。主要灾害为大棚塑料膜被大风掀开、刮坏，棚架损坏，后墙倒塌以及着火。

表6.8　大风掀棚个例实况

序号	灾情发生时间	地点	风向	最大风力/级	受灾暖棚/栋	受灾冷棚/栋	受灾面积/亩	受灾程度	经济损失/万元
1	2000年4月6日	沈阳	SSW	10	243	19	262	—	321
2	2001年3月21日	锦州	NNW	9	4 450	600	5 050	棚顶全部刮坏	3 200
3	2002年7月12日	鞍山	SE	11	5 150	—	5 150		
4	2003年5月2日	沈阳	SSW	11	3 567	15 760	19 327		1 433
5	2005年7月3日	锦州	SW	12	30		30	棚膜掀开刮坏	
6	2005年8月12日 14时30分至15时	朝阳	SSE	—	—	18	18	全部毁坏	7.5
7	2005年10月21日	大连	N	10	105	15	120	棚膜掀开刮坏	
8	2006年4月11—12日	大连	NNE	—	188	1208	1 396	—	1 913
9	2006年7月13日17—18时	阜新	SW	—	150		150	毁坏	
10	2007年2月13—14日	葫芦岛	NW	8	4 500		4 500	棚膜掀开刮坏、棚架支离破碎	
11	2008年8月8日夜	沈阳	SW	8	—	5 869	5 869	损失	
12	2008年9月13日22时左右	沈阳、葫芦岛	ENE，ESE	8	69	1 500	1 569	倒塌并破损	1 592
13	2008年7月16日 15时50分至17时	葫芦岛	S	8	63	—	63	棚膜掀开刮坏	
14	2010年4月8日	沈阳、阜新	SSW，SW	10	9 604		9 604	棚架、后墙倒塌、棚膜掀开刮坏、着火	334
15	2011年5月2日下午14—17时	辽阳	NW	7	30		30	棚膜掀开刮坏	85
16	2011年6月7日16时10分	朝阳	SE	11	80		80	后墙倒塌、棚膜掀开刮坏	—

风灾的发生与瞬时极大风速有较强的对应关系，风灾主要发生在每年的4—8月，以偏南风居多，8级风是设施农业致灾的风速指标，9级风则可能出现棚架及后墙坍塌的严重风灾。

图6.42给出大风导致设施农业受灾的年变化情况。2001—2003年和2006—2010年较为严重，2003年最重，达到19 327亩，是因为沈阳市的新民市5月1日6时10分至5月2日2时风力都在7级以上，持续时间近20 h；14—18时，风力多次达11级，拱棚西瓜遭灾就有15 760亩。2004年、2009年和2012年没有大风致灾记录。

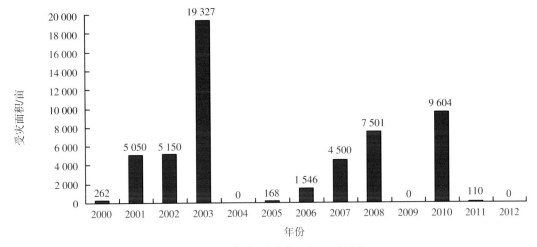

图6.42　辽宁省设施农业风灾面积年变化

从设施农业灾情发生的地点、月份和瞬时风速来看（图6.43），灾情发生频次为：沈阳5次，葫芦岛3次，锦州、朝阳、大连、阜新2次，鞍山1次。2—5月风灾出现6次，占37.5%。风灾主要出现在4—8月，占75%；11月至翌年1月没有风灾记录。风灾一般发生在大棚放风期间，由于大棚部分塑料膜打开，大风容易进入，使放风口处塑料膜增大扇动幅度，易出现破损。灾情发生时瞬时风力多在8~11级，占有记录总次数的85%。与当日的10 min平均最大风速（气象记录中日最大风速）相比，瞬时风速有更好的对应性，一般来讲，瞬时风速比10 min平均最大风速偏大2个量级左右。瞬时风速突发性强，局地性强，且风速非常大，更容易致灾。风灾发生时风向以偏南风居多，占69%，这是因为大棚塑料膜在南面，偏南风更容易掀开塑料膜。

从辽宁省大风气候特征和设施农业大风灾情的对应关系来看，大风在4月达到最多，4—8月多数为偏南风，对应的4—8月是大棚受风灾的主要时段。春季大风增多，暖棚开始放风，风灾增多，进入7—8月，暖棚多数晒棚，但是冷棚塑料膜基本都掀开一半，且冷棚搭建简单，设备本身抗风能力差，因此风灾较多。从风灾发生的时间看，多数在下午，发生在14—17时的占71%，大风本身具有日变化，在午后由于气温升高，风速增大，15时达到最大，也导致此时段风灾容易出现。从风向看，南风偏多，是因为南风更容易侵入放风的塑料大棚内，将棚膜鼓坏，但对于棚顶刮坏、棚架破损及后墙坍塌风向没有一定规律，南风、北风均可出现，损坏严重的风力一般在9级以上。

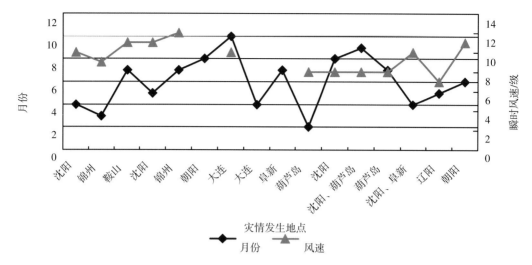

图6.43　辽宁省设施农业风灾地点、月份及风速分布

从以上的分析初步得出辽宁省设施农业大风致灾的风速指标为8级，尤其是每年4—8月的午后，注意偏南风的增大现象，要及时关闭放风口，做好固定措施，一旦大棚受损，棚内气温快速下降，要准备好草帘、棉被、草绳等物品，做好大棚的保温预防。

6.4.2　东北地区大风掀棚天气学分型

通过对42个大风天气个例进行历史普查，依据引起大风主要影响系统特征和天气形势的天气学分析，将大风分为4种天气型：冷锋后部型、高压后部型、台风型和气旋型，其中气旋型包括江淮气旋、华北气旋、蒙古气旋和东北低压。

6.4.2.1　冷锋后部型概念模型

冷锋后部型（图6.44）天气形势是形成大风的重要天气形势之一，占过程总数的28.57%。在此天气形势下，强冷空气堆积产生强气压梯度风，地面迅速加压产生强变压风，冷空气下沉动量下传，是产生大风的主要原因。冷锋后部型大风主要发生在春季和冬季。大风发生在冷锋后部高压前沿梯度最大的地方，冷高压强度愈强，大风风速愈大，持续时间也长。

6.4.2.2　高压后部型概念模型

高压后部型（图6.45）占过程总数的9.52%。此类大风多发生在大陆高压频繁入海的春季。春季大陆回暖快，东移变性的冷高压进入日本海或黄海后失去热量得到加强。当高压西部有江淮气旋、华北气旋、蒙古气旋、东北低压或地形槽配合时，地面气压场出现东高西低或南高西低形势，多产生偏南或偏西大风。

6.4.2.3　气旋型概念模型

气旋（低压）型大风是在低压发展加深时，在低压周围气压梯度最大地区出现的大风（图6.46），占过程总数的57.14%。气旋型大风主要包括江淮气旋、华北气旋、蒙古气旋和东北低压，其中江淮气旋、华北气旋、蒙古气旋和东北低压分别占气旋型海上大风的

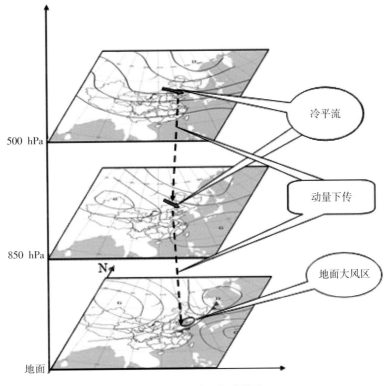

图6.44　冷锋后部型概念模型

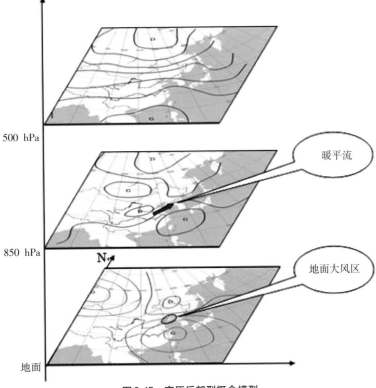

图6.45　高压后部型概念模型

37.5%、12.5%、37.5%和12.5%。

东北低压和蒙古气旋大风主要是由贝加尔湖和蒙古一带产生的低压东移到东北地区时，或在东北当地生成的低压发展加深时，在低压周围出现的大风。如果低压连续地无大变化，大风可持续3 d左右。当低压发展成为浓厚冷性低压时，低压后部常有副冷锋生成，而且锋后常出现偏北大风。

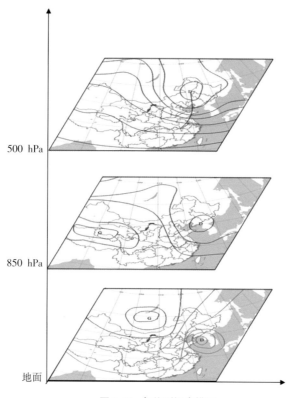

500 hPa

850 hPa

地面

图6.46 气旋型概念模型

6.4.2.4 台风型概念模型

台风型（图6.47）占过程总数的4.76%。台风型大风过程虽然发生次数少，但极具灾害性。台风型大风主要包括以下几种情况：①台风在中国登陆后直接北上或者再次入海后引发大风。②台风在朝鲜半岛登陆引发大风。③热带气旋直接从黄海北部登陆引发大风。

6.4.3 东北地区大风掀棚物理量预报指标

对发生过大风掀棚的16个天气个例进行诊断分析，统计物理量特征。确定大风过程中主要物理因子的阈值为：24 h变压≥10.0，6 h变压≥3.0，24 h时变温≥4.0，6 h变温≥2.0，850 hPa垂直速度≥0.4，700 hPa垂直速度≥0.1，850 hPa温度平流≥5.0，700 hPa温度平流≥15.0。

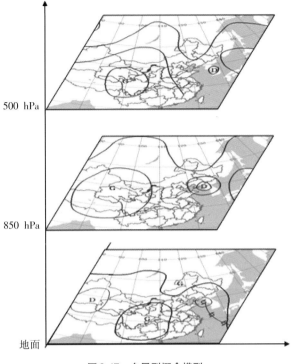

图6.47　台风型概念模型

6.4.4　大棚掀棚客观预报因子选取

6.4.4.1　预报因子选取方法

选取物理意义明确，与预报量具有很高相关性，设定显著水平后，相关系数通过显著性检验的因子作为备选因子。

6.4.4.2　可用性分析

预报因子的可用性可用数值模式输出产品的可用时效、预报场与分析场之间的相关系数来衡量，设定显著水平后，相关系数通过显著性检验的因子作为备选因子。可用时效越长、相关系数越高，可用性越好。

6.4.4.3　预报因子敏感性分析

预报因子敏感性是指用于预报的备选因子必须对预报对象（大风）具有很强的敏感性，即可以有区分有无大风和大风强度的能力。

6.4.4.4　代表性分析

备选因子之间要具有较高的独立性，删除那些与很多因子相关程度都比较高的备选因子。

通过以上各步的筛选，得到大风客观预报因子为气压梯度、温度梯度、3 h变压。

6.4.5　大风掀棚预报方程的建立

以大风物理量预报指标为基础，诊断物理量的敏感性和贡献率，挑选出 3 个关键物理量，应用2013—2014年常规观测站的大风数据和EC模式气压梯度、温度梯度、3 h变压预报值进行相关性分析，建立大风预报多元回归方程。

Wind=−0.133$p3$+2.049pp−0.558tt+2.618

式中，$p3$为3 h变压；pp为气压梯度；tt为温度梯度。

6.4.6　大风掀棚客观预报产品

应用上述多元回归方程和EC数值预报，建立未来72 h、24 h间隔的大风实时预报方程，建立定时自动生成产品的任务计划，生成格点预报产品，再应用双线性差值方法生成站点预报产品（每天08时、20时两次生成预报产品）。

7

设施农业生产气象灾害调控措施

7.1 低温冻害防御技术建议

7.1.1 优化日光温室结构

应选用保温建材，优化前屋面角，结构参数合理，适当西偏5~10°。做好后屋面、后墙设计与建造（改造），后屋面保证足够的厚度和合理的角度，可采用钢筋混凝土空心板加保温性能好的泡沫聚苯乙烯为主要材料，厚度半米以上；也可因地制宜选用秸秆、稻草、麦秸、草泥等做成异质复合后屋面，既降低成本，又提高保温效果。能建造土墙的地方，最好建土墙，厚度达1 m以上。

7.1.2 提高保温能力

堵塞温室墙体裂缝，采取多层覆盖保温，在草苫及棉被上加盖防雨雪塑料薄膜，以保持草苫干燥。前屋面底脚一定范围室内增加立膜，室外设置围裙苫，室内加挂保温帘等增强保温性能。对于处于苗期和植株矮小的作物，棚内搭小拱棚，也可在床面覆盖草木灰、麦秸或麦糠，以阻止土壤中热量向空间散发，提高地温。挖防寒沟，加挂反光幕等辅助设施。

7.1.3 适当辅助加温

遇到寒流强降温天气，可根据温室的保温性和栽培作物的不同临时扣中小棚（大棚+内大棚+内中棚的覆盖方式保温效果好），棚面再增加草帘、遮阳网、纸被、无纺布、整块旧塑料布、草苫或多层覆盖等。上述方法依然不能抵御低温时，可人工补充热量，用火炉、电炉、电暖气、热风炉、浴霸灯、电钨灯等辅助设备增温，确保室内夜间气温不低于6 ℃，补温时不要使室内温度上升过快。

7.1.4 加强田间管理

首先种植栽培抗低温品种，采用酿热温床育苗，营养坨（块）假植育苗移栽，培育健壮苗。松土可提高土壤温度，促进发根，在温室内开沟覆盖碎麦草或腐熟有机肥，可增加土壤有机质，提高土壤通透性，从而使植株根系强，长势壮，提高植株的抗逆性，增强对灾害性天气的抵抗力。温室条件许可时，尽量早揭晚盖，充分利用光照进行光合作用。深冬季节晴天，一般是早晨阳光洒满整个棚面（前坡）时揭开棉被，盖帘时棚内气温一般不低于18 ℃，避免长时间不揭棉被，造成棚内阴冷，气温大幅度下降。

另一方面，可根据低温气候规律和作物的品种特性，调整作物的播种期来避免低温灾害。

7.2 连阴寡照防御技术建议

7.2.1 争取散射光，提高室内温度

在连阴天情况下，只要气温不是很低，一定要揭开草苫，充分利用散射光增加棚室光照。同时，可在温室后部张挂反光幕，起到增光、增温作用。及时清扫温室棚膜，保证棚膜整洁干净，增加透光率；也可在棚室内安装日光灯、沼气灯等进行灯光补光，促进植株光合作用。

7.2.2 降低湿度，防止病害发生

连阴天温室内应停止浇水、追肥，以免造成作物沤根，加重病害发生。通风排湿不可太猛，应缓慢通风，防止冷风吹进棚内，造成植株萎蔫。

阴、雪、雾天温室内湿度大，极易发生病害，喷施水剂易增加温室内湿度，因此，在用药防治蔬菜病害时，尽量选用粉尘剂或烟雾剂。重点防治猝倒病、灰霉病、疫病、根腐病，同时应及时清除枯枝黄叶、病叶、病果。

7.2.3 增强植株抗逆能力，健株保秧

在连阴天到来之前，应提早采摘瓜果，减少植株营养消耗，有利于保护叶片和幼瓜，使养分向根系回流，促进根系生长，增强植株抵御不良环境的能力。

7.3 大风灾害防御技术建议

7.3.1 正确选址，合理布局

日光温室建筑场地的选择与风强有很大的关系，因此在建造日光温室时要慎重选择场地，一般应选择地势平坦、四周空旷的地方建造，尽量避开风口位置。

7.3.2 注重设计，严把质量

日光温室宽长比、跨度、高度及温室群的排列形式都与抗风性能息息相关，在不影响

生产的前提下，应尽可能降低日光温室宽长比、跨度和高度。日光温室宽长比、跨度和高度任何一项偏高，都会导致日光温室抗风能力降低。日光温室群尽量采用交错排列形式，避免或减少形成风的通道，降低大风流速。建造施工一定要与设计要求相吻合，严格按照温室长度与宽度及所应承受压力、拉力。选择建筑材料千万不能为了降低建造成本，而选用不能承受压力的材料。在施工过程中，要使整个温室骨架稳定、基础牢固、室内立柱稳定牢实，保证抗风抗压性能。

7.3.3　及时维护，加强管理

在大风易发季节，检查棚膜是否有损坏，及时修补破损，同时检查和加固压膜线。大风来临前，要在室内加立顶柱，提高抗风抗压能力；及时关闭温室放风口，防止大风进入温室，造成棚膜损坏；加密斜拉压膜线，拉紧固定，以防大风使棚膜闪动造成破坏；把草苫底端用石块等重物压牢，保证草苫紧贴在棚膜上，以防侧风把草苫吹起、掀翻。

7.3.4　及时预报，提前防范

气象部门及时发布大风天气预报预警，并通过电视、报纸、互联网、大喇叭、短信等方式传播给农民。当地农民应注意收听收看大风天气预报预警信息，做到及时防范。

7.4　暴雪垮棚防御技术建议

7.4.1　及时预报，提前防范

当预报有大暴雪天气时，对一些跨度大、立柱少、骨架牢固性差的棚室要及时增加棚内支柱，提高抗压能力。大雪容易造成棚面压力增大，为有效增加骨架的抗压性，可临时在距温室前沿 3 m 处设一排活动立柱，以提高温室耐压性能。

7.4.2　及时维护，加强管理

白天下雪时不必盖草苫，雪停后立即扫去棚上积雪，下午提前盖苫，再在草苫上盖一层薄膜，以加强保温。夜间降雪，雪停后要及时扫雪，防止降雪融化。要及时晾晒草苫，保证覆盖物干燥，减轻湿草苫对温室的压力，提高草苫保温效果。如果天气预报夜间有大（暴）雪，雪后要及时清扫棚面积雪。

7.5　日光温室综合气象调控技术

7.5.1　地温与气温调控

在温室大棚前沿挂 1 m 左右的防寒裙，可提高气温 1.2 ℃，5～20 cm 地温提高 0.4～

0.6 ℃，解决棚内前沿地温偏低的实际问题。

7.5.2　增加光照

筛选出河北的棚膜透光率达71%，可起到增加棚内太阳辐射量，提高气温，降低湿度的作用。要大力推广反光幕提高地温、增加光照强度技术。

7.5.3　调控湿度

指导棚户采用滴灌，防止漫灌；采用烟剂、粉剂防病治虫，减轻棚室湿度；调控棚室温湿度等条件，防治病虫害。

7.5.4　棚室土壤消毒

采用棉垄鑫处理棚室土壤（高温闷棚技术），对消毒、增产、防治病虫害效果明显，平均亩增产24.6%。

7.5.5　改善棚室土壤

采用秸秆生物降解技术，改善土壤，在整个生育期，5～30 cm地温平均能提高1.3 ℃。

8

设施农业气象服务平台

结合东北地区设施农业气象服务需求进行系统结构设计，基于 WebGis 技术，研发了东北地区设施农业气象监测预报预警服务系统，是集监测、预报、预警、服务于一体，具有省、市、县三级共享，分级制作等功能的设施农业气象服务业务系统。包括设施农业综合气象信息数据库、设施农业气象预报预警产品制作平台和设施农业预报预警信息服务平台 3 个部分。

8.1 系统框架

基于设施农业大棚内外气象要素对比观测数据、棚内主要气象要素（最低气温、最高气温、相对湿度、日照时数）精细化预报技术方法研究、设施农业低温冻害、连阴寡照、暴雪垮棚、大风掀棚气象灾害预报预警技术方法研究、精细化天气预报产品的释用、设施农业服务产品制作与发布等技术，研制了基于气象业务内网，采用 SQL 数据库技术，利用 C#、ASP.net 程序语言开发的设施农业气象监测预报预警服务系统（图 8.1）。实现气象信息、产品基于 Gis 的分级展示和用户交互。能够将预报产品转化为设施农业生产建议，按照指定格式生成图形和文字服务产品。

系统结构框架包括设施农业综合气象信息数据库、设施农业气象预报预警产品制作及信息服务平台，其中综合数据库包括大棚内外气象观测数据、作物发育期数据、灾情数据、设施农业数据、灾害性天气类型数据、设施农业气象灾害指标数据、典型代表作物灾害指标数据、专业预报预警数据等。设施农业气象预报预警产品制作及信息服务平台包括大棚内气象要素客观预报产品的显示、调用，客观预报产品图形化、表单、文本等多种预报订正方式，根据 4 种设施农业气象灾害预报模型提供不同地区的低温冻害、连阴寡照、暴雪垮棚、大风掀棚的客观预警信息，按照指定格式生成图形和文字服务产品，发布大棚内气象要素预报、4 种气象灾害预报预警信息和生产建议信息（图 8.2）。

系统功能如图 8.3 所示，主要包括实时数据入库、数据监测、棚内要素预报模型、4 种灾害预警模型、要素预报主观订正、预报产品制作发布、预报预警模型本地化和系统用户管理。系统实现了数据自动采集、可拓展、可维护。观测数据实时采集及实时显示、历史数据查询及图形显示、设施农业气象预报预警产品制作及信息服务。可以对设施农业要素

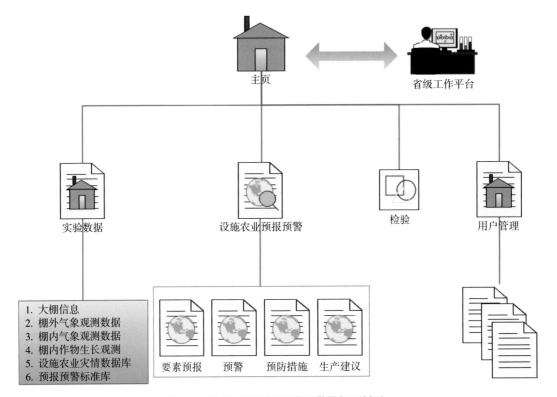

图8.1　设施农业气象监测预报预警服务系统框架

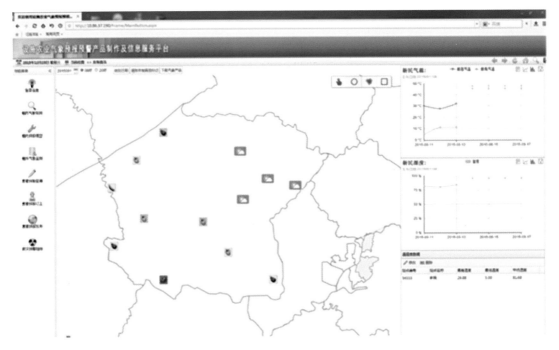

图8.2　设施农业气象监测预报预警服务系统

预报和预警模型维护、对预报预警客观产品修改和编辑及发布等。系统的核心技术预报预警模型，用户可以在项目研究成果基础上，根据本地气候特征进行修改。

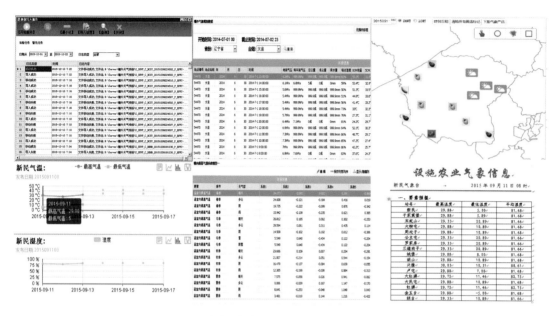

图8.3　设施农业气象监测预报预警服务系统功能示例

8.2　设施农业综合气象信息数据库

该数据库包括温室内外气象观测数据、作物发育期数据、灾情数据、设施农业布局（面积）数据、灾害性天气类型数据、设施农业气象灾害指标数据、典型代表作物灾害指标数据和专业预报预警数据等（图8.4~图8.9）。

系统可以将各类观测及预报数据实时导入综合数据库中，方便数据的追加、检索和显示查询等需求。数据来源于项目观测、收集、计算和研究获得的资料。

图8.4 设施农业综合气象信息数据库中大棚信息

图8.5 设施农业综合气象信息数据库中棚内气象观测数据信息

图8.6　设施农业综合气象信息数据库中棚内作物生长发育数据

图8.7　设施农业综合气象信息数据库中棚内要素预报气象模型

图8.8　设施农业综合气象信息数据库中致灾预警气象指标

站点名称	经度	纬度	海拔	省份
漠河	122.52	52.97	434.20	黑龙江
北极村	122.37	53.47	296.00	黑龙江
塔河	124.72	52.35	363.00	黑龙江
呼中	123.57	52.03	514.90	黑龙江
新林	124.40	51.67	502.20	黑龙江
呼玛	126.65	51.72	178.00	黑龙江
加格达奇	124.12	50.40	373.40	黑龙江
黑河	127.45	50.25	167.40	黑龙江
嫩江	125.23	49.17	243.00	黑龙江
孙吴	127.35	49.43	236.00	黑龙江
逊克	128.47	49.55	120.00	黑龙江
讷河	124.85	48.48	204.40	黑龙江
五大连池	126.18	48.50	267.70	黑龙江
北安	126.50	48.27	274.00	黑龙江
克山	125.88	48.05	239.80	黑龙江
克东	126.25	48.03	293.10	黑龙江
嘉荫	130.40	48.88	92.30	黑龙江
乌伊岭	129.43	48.57	404.90	黑龙江

图8.9　设施农业综合气象信息数据库中东北地区站点信息

8.3 设施农业气象预报预警产品制作平台

设施农业气象预报预警产品制作平台基于C/S架构，开发等值线和数字填图相结合的界面（图8.10），实现了棚内的气温、相对湿度等气象要素的制作功能。

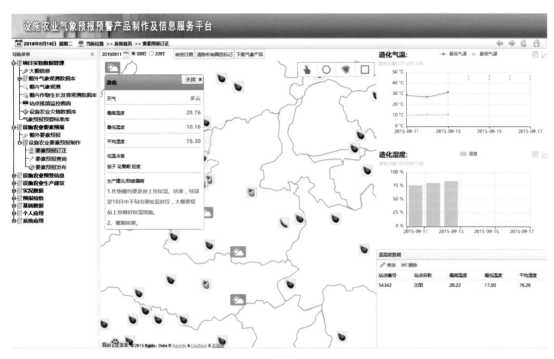

图8.10 预报产品显示页面

平台采用项目研发的预报模型，连接常规天气预报、数值预报存储终端，能够自动生成东北地区温室内小气候要素预报产品。平台实现了客观预报产品的显示、调取，考虑预报员的主观订正，设计了图形、表单、文本等多种订正方式，可以在客观预报基础上进行人工修正。

同时根据项目研究的4种设施农业气象灾害预报模型，自动生成东北地区低温冻害、连阴寡照、暴雪垮棚、大风掀棚灾害性天气预警产品，预报员可以利用预报经验，对图形化区域增删、文字标注等主观订正操作（图8.11）。

为了便于以后的业务应用，考虑成果的推广，平台中的预报预警模型和指标可以根据实际情况进行完善，修改相关系数、指标阈值等。

根据设施农业气象要素预报结果，结合设施农业气象灾害预警指标，得到4种设施农业气象灾害预警，该预警信息通过模型自动计算得出，业务人员修改对应的要素预报后（图8.12），其预警信息可自动显示。

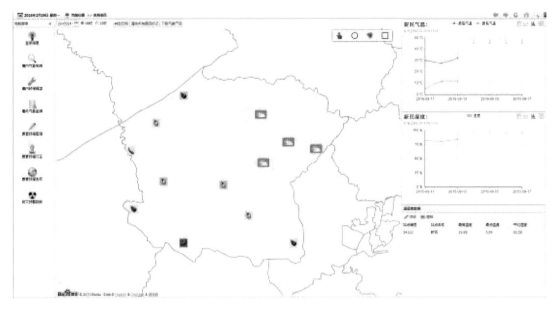

图8.11 设施农业气象预报预警产品制作平台主界面

图8.12 设施农业气象预报预警产品制作平台区域修改

8.4 设施农业气象预报预警信息服务平台

基于B/S和C/S混合架构，根据温室内外气象要素与作物生长发育平行观测的结果分析，建立气象要素影响作物生长的指标，并给出根据气象条件变化进行生产调控的措施建议。基于WebGis技术，研发集监测、预报、预警、服务于一体的工作平台，实现气象信息、产品基于Gis的分级展示和用户交互。能够将预报产品转化为设施农业气象预报+生产调控建议的服务产品，按照定制模板生成图形和文字格式的设施农业预报预警服务产品。

把4种设施农业气象灾害预警的指标，根据不同作物、不同生长期、不同预警等级分别提供给业务人员。在使用过程中，各地业务人员可根据本地气候条件对指标进行订正，进而提高预警产品的准确率。根据要素预报及预警信息提供相应的生产建议（图8.13），包括对气象灾害的应对措施以及该气象环境下的生产管理。

通过主页面的下载产品功能，可以将订正后的预报预警产品自动生成气象服务材料，方便业务人员使用，业务人员可在此基础上根据服务的需求对材料进行编辑，结合本地设施农业作物品种对服务材料内容进行相应调整。

图8.13　农作物生产建议

8.5　服务产品发布

经过业务人员编辑后的服务产品，可以通过气象为农服务"两个体系"建设中研发的乡镇气象信息服务站业务平台，向设施农业用户发布温室内气象要素预报、4种气象灾害预警和生产建议。在设施农业气象预报预警信息服务平台中选择产品发布即可实现。

附件1　温棚内蔬菜生长发育、株高和重要农事活动观测方案（规范）

1　观测目的

温室内的气象条件变化，除了与外界气象条件有关外，还与温室内部蔬菜生长情况和田间管理活动有关。观测记录蔬菜生长发育进程、群体繁茂程度和田间管理活动，可以掌握棚内温度等气象要素变化的背景条件，以便了解不同生长期和不同管理条件下的温室内气象要素变化特征，建立不同生长期和不同管理条件下的温室内外气象要素相关模式，开展温室气象要素预报和农用气象服务。

2　观测项目

（1）生长情况
主要发育期、植株高度、植株密度等。
（2）主要田间管理活动
整地、移栽、施肥、喷药、灌水、大量采摘等。
（3）气象灾害
灾害性天气，蔬菜和温棚受害情况等。
（4）温、湿度调控措施
通风、覆盖和应急防寒措施等。

3　观测内容及规范

（1）发育期观测标准
出苗期：土壤表面露出完全展开的两片子叶（非本田不观测）。
移栽期：幼苗由育苗温棚定植到本田温棚或冷棚内。
开花期：植株上任一花序的花朵开放呈鲜黄色。
结果期：谢花后形成的幼果。
采摘期：果实饱满，皮色有光泽，种子未发育完全。
发育期开始期：进入发育期20%，进入普遍期50%，进入末期80%。
进入发育期百分率：进入发育期株数/调查总株数（2行以上）×100%。
瓜果类蔬菜采摘期较长，不适宜用发育期百分率表示。本方案用采摘前期、中期和末期标记。一般前期和后期各占25%时间段，中期占50%。

观测时次：在发育期到来前后每3~5 d观测1次，关键时期每天1次。过渡期可以不观测。每次在温棚1/3或2/3处选2行（或2行以上）观测。

（2）生长状况观测

好：植株健壮，密度均匀，并达到预计数量，叶色正常，高度整齐；花序发育良好，果实整齐，果色纯正；病虫害及天气灾害轻微或没有，对生长影响极小或没有影响；预计可达丰年产量水平。

中：生长状况中等，密度不太均匀并低于预计数，有少量缺苗或死株现象，高度欠整齐；果实大小中等，有少量病、坏果；病虫害或天气灾害较轻，对产量影响不大。

差：生长状况差，密度不均匀，缺苗严重；叶色不正常，高度不整齐，果实不齐整，且果形不好；病虫害或天气灾害较严重，预计产量很低。

观测时次：在每个生长阶段的普遍期观测记录1~2次。记录观测时间和状况，并用数码相机拍照。

（3）气象灾害和病虫害

记录灾害时间、种类和灾害程度。

灾害程度用受害株率表示：受害株率=受害株数/调查总株数（2行以上）×100%。

正常情况下，每月观测记录1次，如有严重或明显的灾害，随时记录，并用数码相机拍照受害症状。

（4）植株高度测量

每次在温棚两端1/3或2/3处选3株（相距10 m以上）观测。测量时间为开花至采收期，测量高度从土壤表面到主茎顶端的自然高度（不要把茎秆拉直）。普遍开花之前每旬测量1次，而后（高度基本稳定）每月测量1次。

（5）密度观测

测量10行×10株的面积。测量行距×株距，算出株/m²。定植期和采摘初期各测量1次。

（6）重要田间管理活动记录

记录整地、移栽、施肥、喷药、灌水、大量采摘等工作的时间和持续时间。

（7）温、湿度调控活动记录

记录每次通风（门和前膜）、覆盖（顶帘、小地棚等）和应急防寒措施的时间、持续时间和面积（可以估算）。

冬季正常天气条件下，白天揭帘、夜间覆盖等常规活动可以不做每日记录（但要注明），重点记录春季、秋季气温变化频繁时期，或冬季强降温天气等防寒关键时期，特别是要详细记录寒潮降温、暴雪和高温等灾害性天气的温湿度调控活动；夏季大面积放风也要记录。

（8）温棚面积、结构记录

记录试验温棚的结构、体积、实用面积等。

（9）产量记录

记录试验温棚每茬作物的总产量和产值，估算投入产出和生产效益。

（10）仪器设备运行状况记录

随时注意棚内外小气候观测设备和仪器的运行情况，有异常情况及时记录和进行专业维护。

（11）观测仪器

直尺、卷尺、相机等。

（12）注意事项

①严格按本规范观测和记录。

②妥善保存记录本和照片等试验信息。

③本试验观测工作技术要求较高，必须认真对待，要选派气象或蔬菜园艺专业人员专门负责观测记录。其中，观测记录难点和关键内容是温、湿度调控活动记录。

	记录时间			年　　月			
温室大棚信息							
观测点位信息	观测地点			观测地段环境		观测站点相对气象站所处方位	
观测设备信息	仪器编号		观测要素				
温室自然情况	温室大棚型式		温室大棚尺寸	材料		温室内加热通风照明等设备及状况	
温室作物情况	温室大棚内作物种类		生育状况	种植方式		灌溉方式	
棚内小气候观测资料的整理与分析							
当月数据审核情况	原始数据缺测日期			缺测原因		订正结果	
	可疑数据日期			出现原因		订正结果	
当月极端天气情况	（主要气象灾害）						

续表

棚内小气候观测资料的整理与分析									
棚内 1.5 m 气温	日平均温度/℃		日平均最低温度/℃		日平均最高温度/℃		棚内最低气温<5 ℃的日期		棚内最高温度>45 ℃的日期	
	月内极端最低温度/℃		日期		月内极端最高温度/℃		日期			
棚内 1 m 气温	日平均温度/℃		日平均最低温度/℃		日平均最高温度/℃		棚内最低气温<5 ℃的日期		棚内最高温度>45 ℃的日期	
	月内极端最低温度/℃		日期		月内极端最高温度/℃		日期			
棚内相对湿度/（%）	日平均相对湿度		日平均最大相对湿度		日平均最小相对湿度		极端最大相对湿度		极端最小相对湿度	

附件2　温室小气候观测资料的记录与审核（月报表）

棚内风速风向	日平均风速/(m·s⁻¹)	日平均最大风速/(m·s⁻¹)	最多风向	最大风速>2 m/s的日期	风向	
棚内辐射值/(W·m⁻²)	日平均辐射	日最大辐射	日平均有效光合辐射	日最大有效光合辐射	日最低有效光合辐射	
棚内地温/℃	5 cm	日平均地温	日平均最低	日平均最高	极端最低	极端最高
	10 cm	日平均地温	日平均最低	日平均最高	极端最低	极端最高
	20 cm	日平均地温	日平均最低	日平均最高	极端最低	极端最高
棚内土壤相对湿度/(%)	5 cm	日平均相对湿度	日平均最大相对湿度	日平均最小相对湿度	本月最大相对湿度	本月最小相对湿度
	10 cm	日平均相对湿度	日平均最大相对湿度	日平均最小相对湿度	本月最大相对湿度	本月最小相对湿度
	20 cm	日平均相对湿度	日平均最大相对湿度	日平均最小相对湿度	本月最大相对湿度	本月最小相对湿度
CO_2浓度	日平均浓度值	日最高浓度值	日最低浓度值	本月最高浓度值	本月最低浓度值	
棚外对比观测资料的整理与分析						
气温	日平均温度/℃	日平均最低温度/℃	日平均最高温度/℃	户外最低气温<-5 ℃的日期	户外最低气温<-20 ℃的日期	
	月内极端最低/℃	日期	月内极端最高/℃	日期		
相对湿度/(%)	日平均相对湿度	日平均最大相对湿度	日平均最小相对湿度	极端最大相对湿度	极端最小相对湿度	
地温/℃	5 cm	日平均地温	日平均最低	日平均最高	极端最低	极端最高
	10 cm	日平均地温	日平均最低	日平均最高	极端最低	极端最高
	20 cm	日平均地温	日平均最低	日平均最高	极端最低	极端最高

续表

棚外对比观测资料的整理与分析						
风速风力	日平均风速/（m·s⁻¹）	日平均最大风速/（m·s⁻¹）	最多风向	最大风速>5 m/s的日期和风速/（m·s⁻¹）	风向	
	最大风速>8m/s的日期和风速/（m·s⁻¹）	风向	最大风速>10 m/s的日期和风速（m·s⁻¹）	风向		
日照	平均日照时数/ h	日照时数<5 h的日数、日期	日照时数<4 h的日数、日期	日照时数<3 h的日数、日期	日照时数<2 h的日数、日期	

附件3　大棚人工观测记录

月　日	气温	前				后					观测人
7号棚有防寒裙											℃
		5 cm	10 cm	15 cm	20 cm	气温	5 cm	10 cm	15 cm	20 cm	
22:00											
0:00											
2:00											
4:00											
6:00											
8:00											
10:00											
12:00											
14:00											
16:00											
18:00											
20:00											

月　日	气温	前				后					观测人
7号棚无防寒裙											℃
		5 cm	10 cm	15 cm	20 cm	气温	5 cm	10 cm	15 cm	20 cm	
22:00											
0:00											
2:00											
4:00											
6:00											
8:00											
10:00											
12:00											
14:00											
16:00											
18:00											
20:00											

15号棚有反光幕													℃
月　日	气温	前				中					后			
		5 cm	10 cm	15 cm	20 cm	气温	5 cm	10 cm	15 cm	20 cm	气温	5 cm	10 cm	15 cm	20 cm
22:00														
0:00														
2:00														
4:00														
6:00														
8:00														
10:00														
12:00														
14:00														
16:00														
18:00														
20:00														

15号棚无反光幕													℃
月　日	气温	前				中					后			
		5 cm	10 cm	15 cm	20 cm	气温	5 cm	10 cm	15 cm	20 cm	气温	5 cm	10 cm	15 cm	20 cm
22:00														
0:00														
2:00														
4:00														
6:00														
8:00														
10:00														
12:00														
14:00														
16:00														
18:00														
20:00														

15号棚公营子大棚有反光幕光照强度测量										lx
月　　日	6:00	8:00	10:00	12:00	14:00	16:00	17:00	18:00	大空状况	观测人
距后墙1 m										
距后墙2 m										
距后墙3 m										
距后墙4 m										
距后墙5 m										
距后墙6 m										
距后墙7 m										
距后墙8 m										
距后墙9 m										

15号棚公营子大棚无反光幕光照强度测量										lx
月　　日	6:00	8:00	10:00	12:00	14:00	16:00	17:00	18:00	天空状况	观测人
距后墙1 m										
距后墙2 m										
距后墙3 m										
距后墙4 m										
距后墙5 m										
距后墙6 m										
距后墙7 m										
距后墙8 m										
距后墙9 m										

植物生长灯光源测定													
月　　日	22:00	0:00	2:00	4:00	6:00	8:00	10:00	12:00	14:00	16:00	18:00	20:00
地面													
距地面50 cm													
距地面100 cm													
距地面150 cm													
距地面200 cm													

附件4　东北地区设施农业生产专业天气预报技术研究观测分析表

东北地区设施农业生产专业天气预报技术研究观测分析

观测单位：_____

观测时间：_____

表1　温室大棚信息				
地点	经度/°E	纬度/°N	海拔高度/m	相对气象站方位/(°)、距离/m
大棚类型	长/m	宽/m	高/m	实用面积/m²
后墙厚度/m、材料	左右墙厚度/m、材料	塑料薄膜厂家	前屋面角/(°)	上屋面角/(°)
棚上覆盖物	通风口数量	通风口位置	放风时间	放风方式
照明设备	照明时间	是否供暖	供暖种类	供暖时间
作物种类	种植时间	种植方式	灌溉方式	观测仪器类型
观测要素				
周边环境				
棚内其他说明				

表2　棚内观测记录（小气候自动站）							
当月数据审核情况	原始数据缺测日期		缺测原因		订正结果		
	可疑数据日期		出现原因		订正结果		
当月极端天气情况	主要气象灾害						

续表

棚内1.5 m 气温	日平均 气温/℃	日平均 最低 气温/℃	日平均 最高 气温/℃	棚内最 低气温 <5 ℃的 日期	棚内最 高温度 >45 ℃的 日期	月内极 端最低 温度/℃	出现 日期	月内极 端最高 温度/℃	出现 日期
棚内1.5 m 相对湿度/ (%)	日平均	日平均 最大	日平均 最小	极端 最大	极端 最小				
棚内 辐射值/ (W·m^{-2})	日平均 辐射	日最大 辐射	日最低 辐射	日平均 有效光 合辐射	日最大 有效光 合辐射	日最低 有效光 合辐射			
棚内 地温/℃	5 cm	日平均	日平均 最低	日平均 最高	极端 最低	极端 最高			
	10 cm	日平均	日平均 最低	日平均 最高	极端 最低	极端 最高			
	15 cm	日平均	日平均 最低	日平均 最高	极端 最低	极端 最高			
	20 cm	日平均	日平均 最低	日平均 最高	极端 最低	极端 最高			
	30 cm	日平均	日平均 最低	日平均 最高	极端 最低	极端 最高			
棚内 土壤 相对 湿度/(%)	5 cm	日平均	日平均 最大	日平均 最小	本月 最大	本月 最小			
	10 cm	日平均	日平均 最大	日平均 最小	本月 最大	本月 最小			

续表

棚内土壤相对湿度/（%）	15 cm	日平均	日平均最大	日平均最小	本月最大	本月最小			
	20 cm	日平均	日平均最大	日平均最小	本月最大	本月最小			
	30 cm	日平均	日平均最大	日平均最小	本月最大	本月最小			
风速风向	日平均风速/（m·s⁻¹）	日平均最大风速	最大风速对应的风向						

表3　棚外观测记录（小气候自动站）

当月数据审核情况	原始数据缺测日期			缺测原因			订正结果	
	可疑数据日期			出现原因			订正结果	
棚外1.5 m气温	日平均气温/℃	日平均最低气温/℃	日平均最高气温/℃	棚外最低气温<-5 ℃的日期	棚外最低气温<-20 ℃的日期	月内极端最低气温/℃	出现日期	月内极端最高气温/℃	出现日期
棚外1.5 m相对湿度/（%）	日平均	日平均最大	日平均最小	极端最大	极端最小			

表4　当地气象站观测记录

气温	日平均气温/℃	日平均最低气温/℃	日平均最高气温/℃	最低气温<-5 ℃的日期	最低气温<-20 ℃的日期	月内极端最低气温/℃	出现日期	月内极端最高气温/℃	出现日期
相对湿度/（%）	日平均	日平均最大	日平均最小	极端最大	极端最小				

续表

地温/℃	5 cm	日平均	日平均最低	日平均最高	极端最低	极端最高			
	10 cm	日平均	日平均最低	日平均最高	极端最低	极端最高			
	20 cm	日平均	日平均最低	日平均最高	极端最低	极端最高			
风速风向	日平均风速/(m·s⁻¹)	日平均最大风速/(m·s⁻¹)	最多风向	最大风速>5 m/s的日期和风速/(m·s⁻¹)	风向	最大风速>8m/s的日期和风速/(m·s⁻¹)	风向	最大风速>10m/s的日期和风速/(m·s⁻¹)	风向
日照	平均日照时数/h	低于5 h的日数/d	出现日期	低于4 h的日数/d	出现日期	低于3 h的日数/d	出现日期	低于2 h的日数/d	出现日期

表5　温室蔬菜生长发育和灾害观测							
地点：　　温棚类型：　　蔬菜品种：　　观测人：　　负责人：							
发育期	开始期	普遍期	末期	生长状况	气象灾害或病虫害		备注
					时间和种类	受害株率	
播种期							
出苗期							
移栽期							
开花期							
结果期							
采摘期							
其他							
产量和产值							

表6　植株高度、密度观测						
地点：　　　　　温棚类型：　　　　蔬菜品种：　　　　观测人：　　　　负责人：						
观测日期	1株/cm	2株/cm	3株/cm	平均高度/cm	密度/(株·m⁻²)（株距×行距）	备注
月　日						

表7　重要田间管理活动记录表						
地点：　　　　　温棚类型：　　　　蔬菜品种：　　　　观测人：　　　　负责人：						
活动	操作日期	持续时间/（h，min）	操作时间/（h，min）	持续时间/（h，min）	操作时日期	持续时间/（h，min）
整地						
移栽						
施肥						
铲蹚除草						
喷药						
灌水						
大量采摘						
其他						

表8　温度、湿度调控活动记录						
地点：　　　　　　温棚类型：　　　　　蔬菜品种：　　　　观测人：　　　　负责人：						
调控措施	通　风		覆　盖		应急防寒（供电供暖）	备注
操作日期	持续时间/（h，min）	通风口大致面积/m²	持续时间/（h，min）	覆盖大致面积/m²	持续时间/（h，min）	供暖强度（定性）	

表9　寒潮降温过程记录										
开始时间	结束时间	期间最低气温/℃	期间最高气温/℃	期间最大湿度/（%）	作物种类	所处发育期	受害状况	受害程度	采取的措施	备注

										表10　寡照天气过程记录
开始 时间	结束 时间	期间 最低 气温/℃	期间 最低 辐射值/ $(W \cdot m^{-2})$	期间 最大 湿度/ $(\%)$	作物 种类	所处 发育期	受害 状况	受害 程度	采取的 措施	备注

附件5   暴雪垮棚试验方案及记录

1   试验目的

在暴雪发生时，当积雪产生的压力超过温室所承受的压力时，就会发生暴雪垮棚事件，造成经济损失。选择大雪天气进行大暴雪垮棚试验，以得到暴雪垮棚雪量、风向风速指标。

2   试验设计

2.1   时间地点选择

时间：12月至翌年3月。
地点：在黑龙江省中部的双城市选择一新型日光温室。
选择方法：尽量选择降雪量大、容易造成损害的地区，以达到试验目的。

2.2   试验仪器

直尺、电子秤、手提式风速风向仪和照相机。

2.3   积雪和风速测点选择

2.3.1   积雪分布测点选择

选温室前部地面、温室上放风口附近（在温室的上部棚膜上），左右方向分成4等分，取中间及分区线上部位共选择7个测点，总计14个测点。

2.3.2   风速测点选择

在温室前部对应底边缘线上方2 m高处和5 m高处各取3个点（平均分布），总计6个测点。

具体见图1、图2。

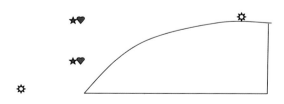

✿为地面和棚面积雪测量点   ♥为温室前部3 m高处风速测量点   ★为温室前部5 m高处风速测量点

图1   温室侧面

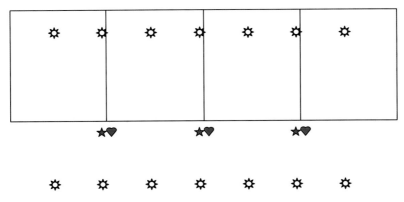

✿为地面和棚面积雪测量点 ♥为温室前部3 m高处风速测量点 ★为温室前部5 m高处风速测量点

图2 温室上面俯视

2.4 试验前准备

租用当地农户没有作物的大棚，收听当地天气预报，当预报未来24 h有暴雪天气时，准备试验用具，去当地大棚待命。

2.5 试验测量方法

当地面积雪达到10 cm以上时，开始试验测量。

2.5.1 雪深测量方法

用直尺测量地面上和棚面上14个测点的积雪深度。

2.5.2 积雪密度测量方法

分别在雪深10 cm、20 cm和30 cm时，取地面1 cm³的积雪，用天平称重，计算得积雪密度（单位：g/cm³），3次重复。

2.5.3 风速测量方法

在距离温室前部底边线上方2 m处和5 m处测量，总计6个测点。有条件的可以同时测量，没有条件的按顺序测量。

2.5.4 受损程度测量方法

当大棚棚膜开始受损或钢筋支架开始弯曲时测量此时雪深、风向、风速等气象数据，记录大棚棚膜受损或钢架弯曲的时间。如果出现棚膜和钢架继续破损和弯曲的现象，可间隔10 min测量损毁程度，记录雪深、风速和风向。

2.6 观测项目

积雪深度、积雪密度、风速和风向、大棚受损情况、受损程度及时间。

2.7 观测间隔

当棚膜没有破损和钢架没有出现弯曲时，每30 min观测1次；当出现棚膜开始受损及钢架弯曲时，每10 min观测1次。

2.8　其他观测

利用摄像机、照相机等进行拍摄，记录受害过程和受害程度。

在暴雪期间不能达到垮棚的要求时，可采用人工补雪的方式进行，但尽量使雪盖均匀。

3　补充试验方法

在得知某地发生暴雪垮棚灾害时，派人到受灾地进行灾情调查，调查暴雪发生时的雪深、风速、风向、棚内作物、作物所处发育期、被损毁面积、占总面积比例、大棚受灾情况、受害程度及损失情况。

表1~表6给出了相关内容的记录格式。

表1　雪深记录								
测量起始时间：								cm
点号	深度	深度	深度	深度	深度	深度	深度	深度
1								
2								
3								
4								
5								
6								
7								
8								
9								
10								
11								
12								
13								
14								
棚膜开始破损时间								
钢架开始弯曲时间								
棚膜破损时间								
钢筋支架半塌时间								
钢筋支架全塌时间								
备注								

表2　风速风向记录

测量起始时间：　　　　　　　　　　　　　　　　　　　　　　　　　　　　　　　　　cm

点号	风速/(m·s⁻¹)	风向	风速/(m·s⁻¹)	风向	风速/(m·s⁻¹)	风向	风速/(m·s⁻¹)	风向
1								
2								
3								
4								
5								
6								
棚膜开始破裂时间								
钢架开始弯曲时间								
棚膜破损时间								
钢筋支架半塌时								
钢筋支架全塌时								
备注								

表3　积雪情况记录

雪深10 cm时

点号	长/m	宽/m	高/m	雪重/kg
1				
2				
3				

雪深20 cm时

点号	长/m	宽/m	高/m	雪重/kg
1				
2				
3				

雪深30 cm时

点号	长/m	宽/m	高/m	雪重/kg
1				
2				
3				

表4　大棚受损时观测记录表

项目	时间	地下平均积雪量/cm	棚上平均积雪量/cm	风向	风速/(m·s⁻¹)	受损程度
棚膜开始破裂时						
大棚钢筋支架开始弯曲时						
塑料薄膜破裂时						
大棚钢筋支架半塌时						
大棚钢筋支架全塌时						
备注						

表5　补充试验记录——单个棚记录

降雪开始时间：　　　　　　　　　　　　　　　降雪结束时间：

地点	经度/°E	纬度/°N	海拔高度/h	相对气象站方位、距离/m
大棚类型	长/m	宽/m	高/m	实用面积/m²
后墙厚度/m、材料	左右墙厚度/m、材料	塑料薄膜厂家	前屋面角/(°)	上屋面角/(°)
棚上覆盖物	最大风速/(m·s⁻¹)	对应风向	10 min 最大风速/(m·s⁻¹)	对应风向
最大积雪深度/cm	棚内作物	作物所处发育期	大棚受灾情况	受害程度
损失情况				
备注				

表6 补充试验记录——整体情况记录				
降雪开始时间	持续时间/(h，min)	发生范围	最大风速/(m·s⁻¹)	对应风向
10 min最大风速/ (m·s⁻¹)	对应风向	最大雪深/cm	损毁栋数	日光温室损毁栋数
大棚损毁栋数	钢架大棚损毁栋数	竹木损毁栋数	受冻作物	受害程度
棚膜损毁发生面积/m³	占总面积百分比	钢架倒塌发生面积/m³	占总面积百分比	经济损失
备注				

附件6　大风掀棚试验方案及记录表

1　试验目的

辽宁省春秋季大风天气较多，大棚在放风期间经常受到大风威胁，发生掀棚的现象，造成经济损失。选择大风日数及风力较大的地区，在大风天气进行大风掀棚试验，以得到大风掀棚指标。

2　试验设计

2.1　时间地点选择

时间：4—5月和9—10月。

地点：在辽宁省喀左县选2~3个新型日光温室（钢架结构）大棚。

选择方法：尽量选择能够大风造成损害的地区，以达到试验目的。

2.2　试验仪器

手提式风速风向仪、米尺、照相机、梯子。

2.3　放风口开启大小

针对实际情况，春季一般只开上放风口，因此选择上放风口开启大小进行大风破坏力测试。放风口开启20 cm、40 cm、60 cm、80 cm和100 cm。

2.4　风速测点选择

放风口出口前部3个点，放风口温室内部3个点（位置在放风口温室内部2 m处），温室前部2 m高处和3 m高处各3个点，总计12个测点（图1、图2）。

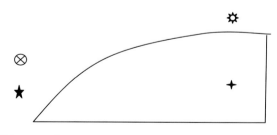

✿温室放风口前部测点　✚温室内部2 m测点　★温室前部2 m测点　⊗温室前部3 m测点

图1　温室侧面

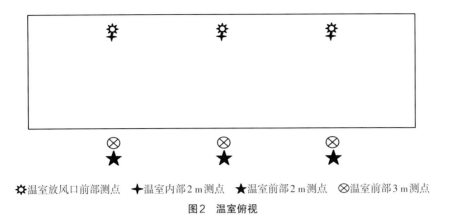

✿温室放风口前部测点　✛温室内部 2 m 测点　★温室前部 2 m 测点　⊗温室前部 3 m 测点

图2　温室俯视

2.5　试验前准备

租用当地农户的没有作物的大棚，收听当地天气预报，当预报未来24 h有大风天气时，准备试验用具，去当地大棚待命。

2.6　测量方法

当风速达到6级（10 m/s）以上时开始测量。

分别在温室上放风口开启 20 cm、40 cm、60 cm、80 cm 和 100 cm 时测量 12 个测点的风速和风向。放风口前部 10 cm 处测量，温室内部在放风口下部 2 m 处测量。防风口前和内部测点需同时测量，温室前部在距离温室底部边线上方 2 m 和 3 m 处测量。

2.7　观测项目

风速和风向。

2.8　观测间隔

每 10 min 观测 1 次。

2.9　其他观测

利用摄像机、照相机等进行拍摄，记录受灾时间、受损程度。

3　补充试验方法

在得知某地发生大风掀棚灾害时，派人到受灾地进行灾情调查，调查大风发生时的风速、风向，防风口开启状况、棚内作物、作物所处发育期、被损毁面积、占总面积比例、大棚受灾情况、受害程度及损失情况。

表1 风速风向记录									
测量起始时间：				放风口宽度/m：					
点号	风速/(m·s⁻¹)	风向	风速/(m·s⁻¹)	风向	风速/(m·s⁻¹)	风向	风速/(m·s⁻¹)	风向	
1									
2									
3									
4									
5									
6									
7									
8									
9									
10									
11									
12									
棚膜开始掀起时间									
棚膜半掀起时间									
棚膜全掀起时间									
受损程度									
备注									

表2 补充试验记录——单个棚记录			
开始时间：		结束时间：	
地点	经度/°E	纬度/°N	海拔高度/m	相对气象站方位、距离/m
大棚类型	长/m	宽/m	高/m	实用面积/m²
后墙厚度/m、材料	左右墙厚度/m、材料	塑料薄膜厂家	前屋面角/(°)	上屋面角/(°)
棚上覆盖物	几个通风口	通风口位置	放风时间	放风方式

续表

最大风速/(m·s⁻¹)	对应风向	10 min 最大风速/(m·s⁻¹)	对应风向	放风口开启状况
棚内作物	作物所处发育期	大棚受灾情况	受害程度	损失情况
备注				

表3　补充试验记录——整体情况记录

大风开始时间	持续时间/(h，min)	发生范围	最大风速/(m·s⁻¹)	对应风向
10 min 最大风速/(m·s⁻¹)	对应风向	损毁栋数	日光温室损毁栋数	大棚损毁栋数
钢架大棚损毁栋数	竹木损毁栋数	发生面积/m²	占总面积百分比	经济损失
备注				

参考文献

[1] 郎立新，史书强，张鹏，等. 辽宁省设施农业发展分析［J］. 园艺与种苗，2011（1）：54-57.

[2] 姚於康. 国外设施农业智能化发展现状、基本经验及其借鉴［J］. 江苏农业科学，2011（1）：3-5.

[3] 詹嘉放，宋治文，李凤菊，等. 日本、荷兰和以色列发展设施农业对中国的启示［J］. 天津农业科学，2011（6）：97-101.

[4] 杨曙辉，宋天庆，欧阳作富，等. 关于我国设施农业可持续发展问题的战略研究［J］. 农业科技管理，2011（5）：1-5.

[5] 张忠明，周立军，钱文荣. 设施农业经营规模与农业生产率关系研究——基于浙江省的调查分析［J］. 农业经济问题，2011（12）：23-29.

[6] 许静波. 我国农业基础设施建设的现状问题及对策［J］. 东北农业大学学报（社会科学版），2011（2）：9-13.

[7] 周莹，王双喜. 设施农业发展研究进展［J］. 现代农业科技，2010（1）：257-258，261.

[8] 杜艳艳. 国内外设施农业技术研究进展与发展趋势［J］. 广东农业科学，2010（4）：346-349.

[9] 曲文涛，范思梁，吴存瑞. 我国设施农业发展存在的问题及对策［J］. 农业科技与装备，2010（6）：151-152.

[10] 李凤菊，宋治文，王晓蓉，等. 天津市设施农业科技发展对策研究［J］. 农业科技管理，2013（1）：35-37.

[11] 陈思宁，黎贞发，刘淑梅. 设施农业气象灾害研究综述及研究方法展望［J］. 中国农学通报，2014（20）：302-307.

[12] 张震，刘学瑜. 我国设施农业发展现状与对策［J］. 农业经济问题，2015（5）：64-70.

[13] 刘德义，黎贞发，傅宁，等. 谈基于Web的设施农业气象信息监测与预警系统［J］. 现代农业科技，2009（7）：287-288.

[14] 张倩，赵艳霞，王春乙. 我国主要农业气象灾害指标研究进展［J］. 自然灾害学报，2010，19（6）：40-54.